何飛鵬

城邦媒體集團首席執行長，媒體創辦人、編輯人、記者、文字工作者。

擁有三十年以上的媒體工作經驗，任職於《中國時報》《工商時報》《卓越雜誌》等媒體，並與資深媒體人共同創辦了城邦出版集團、電腦家庭出版集團與《商業周刊》。

他同時也是國內著名的出版家，創新多元的出版理念，常為國內出版界開啟不同想像與嶄新視野；其帶領的出版團隊時時掌握時代潮流與社會脈動，不斷挑戰自我，開創多種不同類型與主題的雜誌與圖書。

曾創辦的出版團隊超過二十家，直接與間接創辦的雜誌超過五十家。

著有：《自慢：社長的成長學習筆記》《自慢2：主管私房學》《自慢3：以身相殉》《自慢4：聰明糊塗心》《自慢5：切磋琢磨期君子》《自慢6：自學偷學筆記》《自慢7：人生國學讀本》《自慢8：人生的對與錯》《自慢9：管理者的對與錯》《自慢10：18項修煉》

Facebook粉絲團：何飛鵬自慢人生粉絲團

部落格：何飛鵬——社長的筆記本（http://feipengho.pixnet.net/blog）

【自慢】

日文中形容自己最拿手、最有把握、最專長的事。

形容自己的拿手與在行，是不是比別人更好，其實不知道，但絕對是自己最自信、最有把握的事。

Chapter 1

自慢的觀念態度……037

Chapter 2

無所不在的學習，描述了我一生的學習態度與方法。
也是我一輩子如果有一些成就，真正的關鍵原因。

Chapter 3

經過不斷嘗試後，我自己找出許多工作的概念與方法，這些想法是不是最好的，我不知道，但這是我最自慢的方法。

Chapter 4

假設自己就是老闆，義無反顧、全力以赴、相信公司、認同老闆，變成老闆的好夥伴，成為公司的核心團隊，我撐起公司的半邊天，為什麼要怕老闆？

Chapter 5

我永遠充滿「野性的鬥志」，只要我想要，
不達目的，絕不終止。
當然不論面對多麼困難的情境，我絕對不會放棄，
這些都是我相信的事，伴我度過人生每一個轉折。

Chapter 6

自慢私房學

這些私房體悟，充滿了我個人的感覺，其實我也不太明白是否具有學理基礎，但至少在我的人生實驗中是正確的，就姑且稱之為「自慢私房學」吧！

終極修訂版序——

一心自慢任平生：十一年全新修訂版告白

自從二〇〇七年，我的第一本書《自慢》出版之後，我就展開了一段自慢人生的奇幻之旅，無數的讀者與我同行，在人生路上，與我互動交流，分享實踐自慢的心得。

我的一位朋友打電話給我，要買三本《自慢》，並要求我親筆簽名，並落款給他在國外的三個小孩，他告訴我，《自慢》是年輕人出社會前最佳的人生讀本，他要他的小孩仔細研讀，並身體力行，實踐自慢。

後來他的小孩和我變成線上的社群朋友，三不五時與我聊天，請教工作上的心得。

另一次我搭飛機出國，在飛機上被隔壁的乘客認出來，他也買了我的書，他完全信賴我在《自慢》中所寫的人生智慧，每當他的人生出現迷惑時，就會翻《自慢》自我調解，他還告訴我，幾乎任何情境，他都可以從書中找到答案，《自慢》變成他的人生隨手指南。

更多的是主管和老闆，許多老闆影印我書中的內容，給所有的員工做參考。有一次我去一家世界知名的高科技公司演講，上洗手間時，發覺每一間廁所的門上，都張貼了一篇我的文章，我心中五味雜陳，啼笑皆非。

更多的讀者，在演講場合，在馬路上，在餐廳，在百貨公司偶遇，總有人緊抓著我的手，告訴我，他從書中得到啟發，從此改變人生的看法，走出艱難的困境……。

我常自我勉勵，只要我的書，有一個人因而改變，走上更寬廣的道路，我就心滿意足了，可是這十年來，我一本《自慢》，已經有數十萬人購買，這些讀者都是我自慢人生的同行者，感謝你，有你們同行，真好。

自慢人生哲學

《自慢》雖是許多單篇的結集，每一個單篇都包含一個故事、一項感悟，以及簡單的邏輯說理，可是全書代表了我一生對人生的看法，有一套隱然成形的自慢人生哲學。

這套自慢人生哲學是以一個工作者的角度出發，如何在工作者的角色扮演中，成為一個成功的工作者。而成功的工作者要包括幾個要素：工作快意、自在瀟灑；自我實現、傲人成就；收入豐碩、財富自由。自慢人生哲學可以確保成為一個成功的工作者。

我的自慢人生哲學包括四個同心圓，最內的圓圈是為人處世最基本的信念：誠信，人生一切都從誠信開始。其次的第二個圓圈是核心觀念，包括三個價值：樂觀、熱忱、挑戰。每個人看人生一定要正向思考，對任何事一定要樂觀，相信明天會更好。每個人做事也必須帶著極大的興趣，積極投入，要有熱忱去改變世界。每個人也要相信自己，能完成艱難的任務，對任何事都要勇於迎向挑戰。

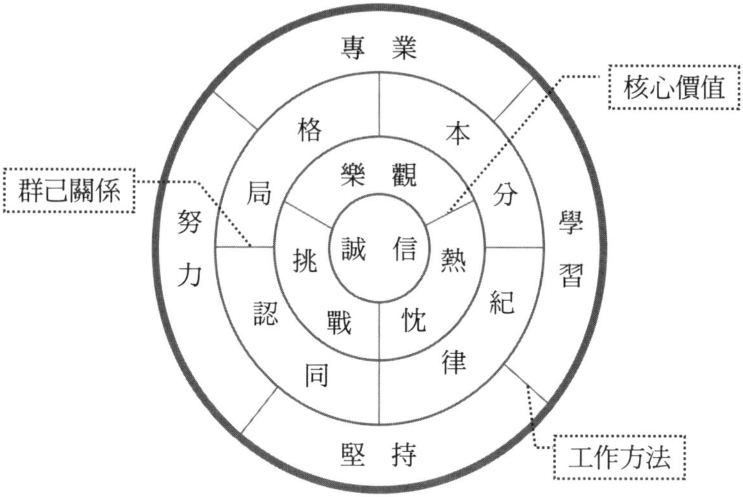

自慢人生哲學的第三個圓圈是群己關係，著重的是個人與外界的互動，包含四個核心價值：本分、紀律、認同、格局。

本分是對自己的身分及地位的清楚掌握，知道什麼可做，什麼不能做，要知道自省，要知所進退，這也是群己關係的基本態度。紀律則是在團隊中互動的基本態度，要遵守團隊的規則，要完成團隊交付的任務。認同則是每個人對其所存在的組織，要有百分之百的認同，要有歸屬感，要視組織為自己的，全力以赴為組織工作，當然如果組織不值得我們賣命，那就離開它，找一個值得賣命的組織。

最後一個群己關係的價值是格局。一個組織中的工作者，最終的目標一定是成為高階主管，這樣才能做更大的事，有更大的成就，而成為主管的必要條件就是要擁有格局，才能容得下所有的人，無不可用之人，以天下之智為己智，以天下人之能為己能，才能成就不凡功業。

自慢人生哲學最外圍的一個圓圈是工作方法，說的是一個人在社會上如何有效率的工作，所需具備的能力，包括四種核心價值：一、專業；二、學習；三、努力；四、堅持。

專業指的是每一個人都要擁有一種特殊的能力，可以靠此能力貢獻社會，並賴以存活，每一個人擁有的專業一定要勝過其他人，成為該行業的最佳工作者，這樣才能獲得最高成就。

學習則是一種態度，讓每個人可以與時俱進，不斷的增強自我的能力，探索新事務，任何時間、任何地點、任何事務，都可以展開學習，人生因學習而豐富，因學習而成長，因學習而改變。

第三個工作方法是努力，做任何事都要全力以赴，務必把事情做到極致，得到最高的成果。努力的人可以長時間忘我的工作，可以不眠不休的投入，可以身心俱疲，都不以為苦……。

最後一個工作方法是堅持：一旦下決心做的事，不達目的，絕不終止，不論遇到任何艱難困苦，挫折折磨，都要堅持到底。只有堅持的人，才能得到最後的成果，只有堅持的人，才能有異於常人的成就。

以上這十二項核心價值，形塑了我一生的歷程，我努力的遵循這十二個中心思想，可是卻也不時面對背離的挑戰，一路走來，驚險萬狀。

定風波的徹悟

五十歲以後，重讀中國古文，是我閒暇的樂趣，有一次讀到蘇東坡的一闕詞：

自慢的人生仍不免於風雨，只是當我們有自慢隨身，一切風雨都可輕鬆安渡，自然也不覺風雨之存在。

我把這兩句話，做為自慢人生最簡明的寫照。

十一年最完整修訂版

十一年前，《自慢》第一冊出版時，是現成專欄的集結，頗有寫到哪、算到哪之意味，嚴格說來對人生的註解是不周延的，而十一年來，我持續寫作，對人生的體悟也越加深刻，所以現在看當年這一本不周延的書，難以入眼，所以我下決心修行，把十一年來的文章，重新整理，又增加了二十餘篇，仍沿用原書的章節，把這些新的篇章歸入其中，這才是最完整的自慢人生吧！

這是一個從初出茅蘆的年輕工作者開始，與我自己的自我學習對話，從人生態度、學習成長、專業方法、職場關係，到生涯抉擇，每一篇都有真實的場景，真實的故事，真實的犯錯過程，也有真實的覺醒，我不知道這是不是最聰明、最正確的想法，但這絕對是我最真實、最誠懇的告白。

已有數十萬人買過《自慢》一書，我不敢奢望更多讀者，只想給讀者一本我認為周延完整的書，一種野人獻曝之心罷了！

原序——

一個人的自我學習對話

一個平凡人，完全依照社會所提供的現成路徑，摸索前進：小學、中學、大學；讀書、畢業、工作；學習、檢討、改進；危機、挫折、轉機。所幸沒有在人生的波浪中滅頂，現在看起來還有機會在高度的競爭中全身而退！

這就是我——一個不願成為公務員，只好闖蕩民間企業的工作者，從小職員出發，為了存活，努力工作；慢慢追隨著組織安排的步驟，一步步向前邁進。順利但不代表沒有波折，學習、嘗試錯誤，調整、改進；再學習、再摸索，最後慢慢找到答案。從工作者、小主管、高級主管、決策者、創業者，我幾乎歷經了所有的層級，以及組織中所有的可能。

媒體是我的工作舞台，創辦《商業周刊》，讓我更深刻的體會企業經營與職場工作的互動，從不間斷的專欄寫作，讓我仔細的咀嚼、反思工作上的一切。最近幾年，我放棄了總體經濟的分析、評論；回歸個人、工作、學習成長、職場生活體驗的分享。或許是因為台灣讀者厭倦了社會的混亂，這個專欄得到我從來沒體驗過的回響，我自己與自己的自我成長、學習對話，成為大眾讀者討論互動的題材。

經過一段時間的嘗試，我的專欄逐漸找到「標準作業規範」，每一篇都從一個具體的現場情境開始，也許是一個場景、一個說法，或一個辦公室短劇；接著再導入我的觀點、對策，有些還有步驟、方法，最後有我個人的建議與結論。

每一篇的劇情，都是真的，都是我與同事、朋友實際發生的情境。但經過修飾，以免對號入座，引起困擾。其中的觀念、想法、架構、邏輯，都是我深刻的體驗，也是我內心不斷自我探索、對話的結果，我手寫我口，我口說我做，我做源於我思、我想，而我想則反映了我長期以來的學習與改變，這一切，充滿了我原創的何氏風格。

原創指的是表達形式，但核心概念、價值觀，我事後看來，毫無創新之處，因為都是最基本的社會價值觀，也是一般人耳熟能詳，接近八股的原則與態度，例如：道德、樂觀、認真、堅持……。

這證實了我是個平凡的工作者，我用自己的體驗，重新註解了每一個人在工作、待人、處世、生活上共通的普世價值，或許是因為我誠實，願意開放內心世界與大家分享，也或許是因為內容具實用價值，所以讀者也給了我一些掌聲。

現在，我把這些體會集結、整理，重新呈現，其實是想給自己留存，並不敢期待能給讀者更多啟發，就容許我這個平凡人，再做一次讓自己感覺良好的事吧！

「自慢」是什麼？「自慢」怎麼說？

書名用「自慢」，這兩個字是日本語法的漢字，指的是一人最拿手的事物，最常見的用法是餐廳貼出的宣傳文案：味自慢……，就表示某某菜是餐廳廚師最有自信、最有把握的絕活。這種說法與我的工作哲學完全吻合，因此「自慢」變成了書名。

我對工作的想法是，每一個人存在的價值是因為他有一種能力，或專長，或專業，十分自信，很少人能比，每一個人用這種能力服務別人、效力公司，贏得認同、贏得尊敬，也賴以安身立命。

這正是「自慢」的意思，每一個人都要找到「自慢」的絕活，要努力學習「自慢」的專業，在現代職場上，每一個人用「自慢」的專業提供服務，相互滿足，「自慢」形成每一個人的核心價值。

我進一步體會「自慢」的含意，背後的意境發人深省：

一、「自慢」隱含了一個人一輩子的承諾及永遠的追逐，才有機會形成自己最拿手的「自慢」。「自慢」是每個人一生的榮譽，也是心靈的認同。

二、「自慢」是追根究柢的研究、學習與永不停止的反覆練習，才能形成。這可能是畢生的苦功。

三、「自慢」是自己最拿手的絕活，是壓箱底的工夫，但並沒有驕傲自大的意思，反而有一點野人獻曝的謙卑，展現「自慢」是期待呈現最完美的自己，讓別人得到最大的滿足。

如果我這些體會沒錯，「自慢」不就是人生最完美的形容嗎？我們的努力，就是要找到自己的定位、找到自己的價值，服務別人、奉獻社會；同時也找到自己安身立命的生存方法。「自慢」不就隱含了所有的意思，我們一輩子追逐「自慢」、培養「自慢」、揮灑「自慢」、奉獻「自慢」、販賣「自慢」，用「自慢」連結外在世界，也用「自慢」彰顯每一個人的價值。

一輩子我都在努力學習「自慢」中。

媽媽的身影，媽媽的身教

這本書雖然是我自己和自己的學習對話，但還是有許多基本的核心價值，並不是我原創的，那是來自我媽媽行為的耳濡目染。

我六歲喪父，父親沒有留下財富，只留下債務，還有八個未成年的小孩，我是老六，這個情景在四十幾年前的台灣，辛苦可以想見，媽媽巧手做裁縫，用雙手養活我們。

媽媽忙到沒空給我言教，但身教卻每天都在發生。

到現在為止，我午夜夢迴，都還能聽到媽媽踩縫紉機的聲音。那是小時候伴我入睡、半夜吵醒我的樂音。媽媽全力工作，教我的是全力以赴；不向環境妥協，教我的是永不放棄。

我沒見過我媽媽哭過，印象中只有她轉頭離開，與別過臉去擦眼淚的樣子，不管日子多苦，媽媽總是用工作、用行動活下去，她沒告訴我要樂觀，但她一直都相信明天會更好。在媽媽身上我學到堅強、堅毅、樂觀、正向思考。

媽媽還讓我知道上天是公平的，她三十歲以前是少奶奶，父親事業飛黃騰達；但四十歲陷落，她常笑著說：好日子過完了，現在輪到壞日子，沒什麼好怨的。我承續這種看法，天理昭彰，我相信上天會按我的作為處罰我或回報我，要相信公理正義，終將彰顯。

媽媽是個小老百姓，她沒教我要道德高尚，但細竹枝打出我的守本分，不是我一介不取（見〈鄉下人的矜持〉），因為那是偷，看到現在的台灣社會，我知道守本分有多重要。

小時候還記得家裡有許多父親輝煌時留下的珍稀物品：舊鈔券、龍銀、犀牛角等。長大後，這些東西都不存在了，因為親戚朋友有需要或喜歡的，媽媽就送人了。媽媽告訴我們：有肚量就有福氣，身外之物別斤斤計較。我不認為自己大方，但我期待自己不要小鼻子小眼睛。在肚量這一課，我從媽媽身上得到啟發。

媽媽現在已不能和我對話，但看到她堅毅的臉龐，我知道我身上流著她的血液、她的性格、她的基因，我也沒有背棄她的堅持、她的想法。

老闆是夥伴，不是敵人

有讀者認為，我是公司的說客，老闆的打手，寫的都是要工作者配合公司，好好替老闆打工。

我不否認我有這種想法，但絕對不是說客或打手。我認為現在的資本主義社會，就宛如一場F1賽車，公司、老闆、工作者組成一個賽車隊，公司是賽車，是載體；老闆是賽車手；而工作者組成所有的協力團隊。工作者與老闆團結一致，都未必能在競爭中勝出，如果互相嫌隙、鬥爭，那賽車不只會輸，還會碰撞，所有的人都將粉身碎骨，因此工作者應信賴最親密的夥伴——老闆，也要對公司有信心，基本態度是認同與合作，而不是懷疑與鬥爭。

當然，如果公司為富不仁，老闆心術不正，怎麼辦？事實上，工作者與公司及老闆是對等的，不只公司選擇我們，我們也選擇公司，對壞公司、壞老闆，我們用「腳」投票，遠離他們。缺乏我們這些好員工，眾叛親離，他們很快就會被淘汰。離開是我們對付壞老闆的方法，而不是留在公司抱怨、懷疑、消極抵抗，變成公司裡的深宮怨婦與邊緣人。

因此我的職場策略是：認同公司，相信老闆，全力以赴，成為公司的主流派、執政黨，用最好的績效，贏得市場競爭，讓公司賺到最多的錢，個人也因而升官發財，這是個人在公司中的最佳狀況，也是職場關係的良性循環。但如果無法在公司中獲得認同，成為主流派，那也要義無反顧的離開，公司中的小媳婦是可憐而痛苦的，盡早離開去尋找認同你的公司與老闆，而不是留在原地哀怨、憤怒、不作為，這樣只會加速你成為被公司淘汰的人。

當然，要成為老闆重要夥伴的態度，有一個重要的前提，就是你是一個「自慢」的工作者，能力強、條件佳，你的選擇性高，有談判籌碼，公司要依賴你賺錢，但這時候你也不能拿翹（見〈菩薩的禮貌〉），魚水和諧的夥伴關係，是人生最高境界。

在面對公司與老闆時，我還有一個核心觀念，就是「用老闆的角色思考，從公司的立場工作」，當我們知道老闆在想什麼時，老闆會變成容易應付的人（見〈要五毛，給一塊〉），工作會輕鬆愉快，當然如果我們有心，會很快學會所有老闆應該具有的能力與態度，很快我們就會當老闆了，那將是另一種境界。

不論我是如何正向來看公司、老闆，也認為要用最和諧的態度對應，但無論如何，我還是站在工作者的立場，我要讓所有的工作者知道，老闆是另一種動物，他們想的和工作者不一樣，知道公司和老闆在想什麼，當工作者與老闆的利益衝突時，我們才能夠知己知彼，百戰百勝。

冒險精神，自己慢慢培養

在全書中，讀者應該可以體會出我字裡行間中的冒險精神，我都用積極進取、迎向挑戰的態度來工作，來面對變動。

這是我的個性使然，我全身充滿了冒險的血液，安定的日子過了三天就開始厭煩，同樣的事情多做幾次就無趣，面對變動，我眼睛發亮，面對困難、挑戰，我鬥志昂揚。

這種特質是天生的，但可以在工作中慢慢培養，尤其當我們面對新事物時，這種特質就非常重要。

學習是我們一生中最重要的特質，「自慢」無法天生，全靠學習完成。而面對新事物時，學習又是化解未知的關鍵，這時候冒險精神，喜好變動，就是學習背後的引擎，培養冒險精神恐怕是每一個想養成「自慢」的工作者，不能不面對的問題。

不能不冒險進取，還有一個重要原因：在現代資本主義社會中，沒有輕鬆過日子、簡單生活的可能，輕鬆就會被淘汰，輕鬆就代表收入很少，收入很少就代表失敗，也就是現實生活欲求不滿。每一個人在職場中，都是過河卒子，只有勇敢向前。

只要在公司，你不可能放慢腳步，輕鬆過生活，因為會連累組織，喪失競爭力，獲利不佳，公司容不下放鬆腳步的人。想放鬆只有一個方法，成為獨立工作者，離開公司，或回歸田野，自己過生活。

有許多篇文章，都在探討這個問題，我不反對選擇輕鬆，但在企業中是不可能的，不只不可能，每個人還要冒險進取，迎接變動。

修煉的現在進行式

當我整理完所有的內容，我忽然害怕起來，因為許多的說法，對我而言，我並沒有完全做到，或許應該說，所有的內容都是學習的現在進行式，我正在前往、接近這些觀念、這些價值的途中。

我應該這樣說：自我的學習對話，永無止境，不會完成，只會接近。當我們有心，當我們願意開始，我們就在成長的途中。

我早開始了幾步，這是一張方向指示圖，歡迎一起來！

Chapter 1

自慢的觀念態度

一個人擁有這些正確的觀念與態度，
不見得能立即成功；
但是如果缺乏正確的觀念與態度，
就算一時幸運，
終究還是會打回原形，難逃失敗。

人為什麼會成功？又為什麼會失敗？是因為個性，還是能力，還是機運……，還是都有關係？對我而言，這些都是，也都不是，我是唯心論者，我認為一切都取決於內心的想法、觀念，以及因為這些想法、觀念，投射到具體的事物上，所形成的態度。

舉例而言，如果你認為這世界是公平的，只要努力，必然會有回報，這是觀念。因此你做事的態度是健康的、是樂觀的，全力以赴、永不放棄。如果你認為天下無不勞而獲的事，這是想法，因此你不會想抄近路、走捷徑，想賺容易賺的錢。

我還發覺，所有正確的觀念、正確的態度，幾乎都是人類最基本的原則：誠實、努力、認真、負責、仁愛、品德、快樂、堅忍、謙虛……，這好像在上最基本的公民與道德課程，但我不能不承認，所有這些看來「八股」的東西，都真正決定了一個人的命運。

或許我應該這樣說：一個人擁有這些正確的觀念與態度，不見得能立即成功；但是如果缺乏正確的觀念與態度，就算一時幸運，終究還是會打回原形，難逃失敗。

因此，我成就自慢的第一課是：擁有正確的觀念，形成正確的態度。

1. 工作像螞蟻，生活像蝴蝶

有人說「工作中的女人最美」，我完全同意。當人全力投入時，聚精會神的執著，會讓人尊敬；而全力以赴，努力不懈，也會讓當事人充分享受過程的樂趣。或許其中有痛苦、有煎熬，但這也都是生活的一部分，甚至是生活中快樂的來源，每天錦衣華食，久而無味，非要有一些曲折、有一些磨難，生活的樂趣才能顯現。

雲南納西族給了我們最智慧的啓示。

辦公室的同事從雲南回來，帶回一方木刻文字畫，同事告訴我，這是世界唯一仍在使用中的象形文字——東巴文，畫中我可以清楚的看出來一隻螞蟻與一隻蝴蝶，其他的字，我就看不懂了，翻開背面，這一方木刻象形文字的意思是：工作像螞蟻，生活像蝴蝶。

我不知道贈送者真正的來意，意味著我像螞蟻一樣苦命工作呢？還是生活像蝴蝶一樣的多彩多姿？或者贈送者根本就沒有任何指涉，只不過因為木刻象形文字質樸而韻味十足，因而好意買回相送。對我而言，我倒是心領神受，像極了我個人的工作哲學。

不論是工作像螞蟻，或者生活像蝴蝶，都是我人生的寫照。工作全力以赴，從不留力，從不問會得到什麼回饋。因為在工作中，我已經從過程中得到無數的經驗與樂趣。而螞蟻正是最好的形容：一點一滴，步步為營，聚沙成塔，最後成就一點點成果，人不就是如此？如果你覺得成就小，如果你覺得工作苦，你會像螞蟻一般工作嗎？

或者說，有人甚至會覺得像螞蟻一樣工作，是多麼悲哀啊！沒有自我，在團隊中像一顆螺絲釘，又那麼微小而脆弱，多可悲啊！可是我從來就是如此；每一個人在工作上，就像螞蟻一樣微小，只能全力以赴，至於要有什麼回報，只能靠老天爺賞飯吃。這是謙卑的宿命，這也是無悔的執著。

至於生活像蝴蝶，這更是我個人的寫照，看什麼事都是快樂、樂觀的，充滿變化，鮮花滿途，等待我這隻蝴蝶，不斷的採視、發現、採擷。我不會因為工作沉重，意外打擊而懷憂喪志，因為生活總要過下去，高興如此，痛苦亦然，為什麼不用愉快、樂觀的心情，看待生活的每一段過程呢？快樂是生活的本質，探索也是樂趣的泉源，而蝴蝶正是生活的寫照。

想像中，納西族生活在雲南深處，他們沒有很好的物質生活，他們離現代的文明可能也很遠，但是這兩句話卻道盡了現代人看不破，也未必想得通的生活態度，我欣然地接受了這方木刻文字畫，也嚮往他們務實、灑脫、怡然自得的人生態度，讓螞蟻與蝴蝶的角色在我身上變換，人生只不過是過程，休問結果，問結果恐怕就輕鬆不起來了！

後記：

這篇文章得到許多回響，《講義》雜誌的林獻章兄來信，要求轉載在雜誌中，我欣然同意。而且我發覺在現代緊張的社會中，有太多人像螞蟻的苦命，但缺乏像蝴蝶的豁達與快樂，尋找自己的人生觀，想怕是對每一個人來說最重要的事。

用這篇做為全書的開端，象徵著人生一輩子的探索學習歷程。

2. 情義相待，改變一生

每一個人都需要別人的幫助，長官、同事、朋友都可能是你的貴人，為什麼在關鍵時候，別人願意為你伸出援手？原因很簡單，因為你將心比心、有情有義、以誠相待。

當別人感受到你「有情有義」的訊息時，他們會視你為自己人，因此有機會會給你，有困難會幫助你，每一個人也都在情義相挺之下，不斷在危機中化險為夷；也在情義相挺之下，得到人生最大的機會！

二十八歲那年，我面臨人生重要的抉擇，那時我在《工商時報》的廣告部門工作，因為興趣的原因，我決定請調回《工商時報》的編輯部當記者，可是我的直屬上司廣告部的總經理對我非常賞識，愛護有加，讓我始終下不了決心啟齒，面臨了人生最大的煎熬。

最後我終於下了決心，選了一個工作的空檔，我鼓起勇氣向總經理表白：「因為興趣，我想回編輯部當記者，希望總經理成全。」沒想到我的總經理極爽快就答應了。他告訴我：你是天生的記者，遲早不是我們廣告部的人，你在廣告部工作一年半，我已經很滿意了！

我沒想到事情這麼容易就辦妥，但接下來更大的意外發生了。總經理又問我：「那你和編輯部那邊說好了嗎？什麼時候調回去呢？」我回答：「我完全沒有和編輯部談過，我到廣告部來受總經理的照顧，沒有您的同意，我不敢去做任何安排。現在您同意我調回，我才要開始和編輯部溝通！」

總經理對於我對他的尊重十分感動，他接著說：「你既然沒有安排，那何必回那個新創刊的小報紙（《工商時報》那時創刊不久）呢？我介紹你去發行量一百萬份的《中國時報》！」

我彷彿在夢中，就這樣我轉到了夢寐以求的《中國時報》工作，我的後半段人生也因而徹底轉變了。當時《中國時報》號稱台灣第一大報，在那工作，開啟了我的視野、開闊了我的經驗，那是我一生的轉捩點！

我永遠記得這個故事，也記得這位總經理，但我更知道，如果我不知感念他的栽培，不尊重他的感覺，逕自安排好回《工商時報》工作，那他不會替我安排《中國時報》的工作，我也沒機會進當時的台灣第一大報！

人心是肉做的，對別人的好，要心心念念，不能或忘。當時我剛畢業不久，在《工商時報》廣告部的期間，總經理給了我充分發揮的舞台，在他的賞識下，我全力以赴，做了許多讓我一輩子回味無窮的事。但也因為如此，當我想離開時，我擔心的是辜負了主管對我的賞識，辜負了他栽培我的苦心，因而痛苦煎熬，難以啟齒。

最後我決定向他坦白，如果他能諒解，我才離開，如果他有為難，我還會繼續留下來。也因為如此，我才沒有安排退路。我覺得沒有獲得賞識我的主管的同意，我不應該輕言離開！

我這一點將心比心的尊重，讓我的主管覺得不枉過去栽培我一年半。他幾乎是用他所有的信用，向《中國時報》的總編輯推薦我，沒有經過任何的考試，我的貴人引領了我一生中最重要的一次轉變。

我永遠記得，工作不只是工作，還有感覺、感情、朋友。要記住別人的好，要記住以情義相待，當你處處替別人想，別人也會同理相報。如果你只計算自己的利害得失，損失的可能不只是可數的財產，還有一輩子無法改變的機會！

後記：

寫完這篇文章的半年後，我再遇到這位提拔我的總經理，他握住我的手，告訴我：我看到你寫的文章了！

我感受到他手中傳來的暖流，那是來自朋友「自己人」的手。

3.別跟魔鬼打交道

「無奸不商」，生意充滿了無所不用其極，但真的是這樣嗎？也不盡然，這還要看每一個人的性格，每一個人的選擇，如果你是一個天真、純樸的人，如果你選擇走簡單的路，那你就「別跟魔鬼打交道」。

送禮、賄賂、說謊、詭詐、虛偽、逢迎拍馬……，這些都是魔鬼，魔鬼有時確實會讓你得到「easy money」，會讓你立即得逞，但是所有的人，也都會察覺，你不再是可信賴的人；而在魔鬼的道路上，只有血腥的弱肉強食。

城邦是一個綜合性的出版公司，幾乎所有類型的出版品我們都有經營，唯獨教科書和教輔這個類型是一片空白，而這個類型又是出版界兵家必爭之地，為何城邦做為全台灣最大的出版集團，卻獨缺教科書呢？

這是我心中永遠的遺憾，因為我們都是簡單的人，只能做單純的生意，在市場上拚搏、把產品做好、取悅讀者，這是最單純的事。而教科書、教輔，生意雖大，也很好賺，但是這個生意要取悅的人太多了：從教育主管機關，到整個教育體系、家長、學生，其中牽涉到的不只是品質，還有複雜的政治、人脈、關係考量，當然還可能有骯髒的「權錢」交易，我個人認為：在神聖的教育體系中，卻隱藏著最骯髒的出版生意，這是我們沒有能力做的事。因此我們只好讓最賺錢的領域，留下一片空白。

這或許是性格使然。當記者的時候，我退回採訪對象的現金紅包，我當面撕掉別人給的空白支票，我調侃採訪對象：我很樂意被收買，但要天文數字才收。我知道以我心慈手軟的個性，心中容不下複雜的邏輯，我無法和魔鬼打交道；以我近乎愚笨的天真，我只能直道而行、直來直往。賄賂、回扣、送禮、應酬，這些事我做不來，也不敢做，就算其中有再大的生意，也與我無關。

我也曾經猶豫過，因為有時候只要我願意妥協，願意配合市場上通用的「規矩」，我就可以拿得到生意，而我也確實曾經嘗試與魔鬼打交道，但結論是人家罵我：笨到連送紅包都不會！我知道這不是我的錯，笨人只有一步一步慢慢來，抄捷徑、走近路，反而會迷路。

不只在生意上，不能與魔鬼打交道，在工作上，許多事也被我視為「魔鬼」：例如利用公司資源，占公司便宜；走後門，對主管逢迎拍馬。這兩件事表面上看起來沒什麼，因為做這種事的人太多了，多到讓人會覺得這種事是理所當然的。但同樣的，對我而言，並不是我不想這樣做，我也知道如果我能這樣做，我會得到立即的好處，但「近乎愚笨的天真、直率」，讓我做不來、做不下手。

我努力保持「公平」，拿公司薪水，努力替公司做事，希望我的貢獻對公司物超所值。絕不要去占公司便宜，因為便宜占多了，占習慣了，我就會喪失獨立生存能力，成為公司的寄生蟲，因此占公司便宜也是魔鬼。

至於走後門，逢迎拍馬，則會讓自己變成「小人」，變成靠關係，靠取悅別人存活，而不是靠自己、靠能力，不能活得有尊嚴、有自我。

每個人心中，都有兩個靈魂：一個是人，一個是魔鬼。人講究的是規規矩矩、按部就班，一步一腳印，靠自己的能力，努力慢慢來。但魔鬼的性格，充滿了捷徑、巧思，即時可得的利益，但這不是人的正途。每一次與魔鬼打交道，人就陷落一次，最後就不像人了。

後記：

當時《蘋果日報》的曾孟卓總經理，寫了e-mail鼓勵我，也影印傳閱了這篇文章，因為我們都是天真而簡單的人。

我從事的出版工作，每年要出版無數的出版品，每個出版品就是一個單一的商品，大多數人想要暢銷，想的是行銷、想的是造勢、想的是宣傳，當然想的是賣書的巧思與創意。

可是這一切都不值一提，任何的巧思制度，抵不上「回歸基本」這句話。在出版領域，書的暢銷的基本原理是什麼？答案很簡單：內容、內容、內容，這是多麼無趣和基本的答案，可是大多數人想的不是內容，想的是浮誇的表象。

一切「back to basic」，回到基本，回到原理、原則，是一切工作的本源，當你徹底瞭解原理原則，一切融會貫通後，許多奇技妙法也會油然而生，這是從有招到無招的過程，但是奧妙藏在基本之中，「back to basic」是巧思奇謀的開始。

後記：

❶這篇文章登出後，台灣最大的面板廠友達，邀請我前去演講，講的就是「回歸基本」，學員問我：到底企業經營上的基本是什麼？我的回答是：最基本的公司工作規則、職場倫理、流程、SOP、best practice、紀律……。當然還有許多教科書上所教的基本學理，也都是基本，如：基本行銷學、組織學原理，我們學多了新理論、新工具，反而忘了最簡單的事。

❷個人的基本是什麼？

這幾年台灣有兩本暢銷書，一本是《優秀是教出來的》（雅言出版）！這是一位美國老師寫來教育小孩子的書，內容是「超基本的五十五條規則」，再看看具體的內容，其實沒有任何新意，例如其中第十六條：每天都要做完作業；第三十條：吃完飯，自己的垃圾自己處理。所有的內容都是大家共識、共知的內容。

另一本是英國出版的暢銷書，名叫《好家教，決定未來領袖》（*Yes, please. Thanks!*，新手父母出版），這也是談論小孩的基本禮貌教育，以英國那個自以為是紳士的社會，他們也出現類似回歸基本的反思，在台灣也引起極大的回響。

見面後，劉董事長首先表示歉意，因為《經濟日報》記者以第三者的角度寫了一本捷安特的成功傳奇，即將出版，而劉董事長在盛情之下，也為之作序。劉董事長自承，幾年前曾經答應我，如果要出書，一定委託我的出版社出版，雖然這本書並非出於公司意願出版，但是怕我誤會，特地前來說明，並表達歉意。

對劉董事長的歉意，我不敢受也不能受。他走後，我終於慢慢回想起當年的情景，我力邀捷安特作企業傳記，劉先生婉拒，但閒談中承諾，他日如要作傳，定交給我出版，這只是閒話一句，根本談不上承諾，連我這個被承諾人都沒有當真，幾乎完全忘了這一回事，而劉先生銘記在心，始終不忘。

劉先生離開後，我思潮起伏，久久不能平復。我幾乎不能相信，台灣商場上還有這樣信守承諾的人（事實上那只是一句閒話），而劉董事長專程前來拜訪，只為了不經意的一句話。更何況，那是別人出的書，根本也與他無關，但他仍然在乎我的感受，怕引起我的誤解，不惜專程從台中前來，只為了五分鐘的說明。

我除了尊敬之外，再也說不出別的感受。或許這些年來，我們看到捷安特從台灣出發，變成國際知名品牌，產品賣遍全世界，其真正的奧祕，就在這對「閒話一句的承諾」的堅持，因為信守承諾，所以有誠信；因為有誠信，所以產品追逐最高境界；也因為有誠信，從供應商、經紀商、到消費者，沒有人不認同巨大機械，沒有人不認同捷安特。而這些都源自於老闆劉金標的為人，信念、堅持、上行下效、風行草偃，而形成捷安特的組織文化。

我有幾次和國外廠商往來的經驗，任何一個小合約，甚至簽約前的保密協定，都是厚厚一疊，有次我忍不住問外國夥伴為何要如此麻煩，他們笑稱，這都是歷經各種教訓後，不斷增加的結果。顯然不只台灣如此，全世界也是，只有見諸白紙黑字的法律文件，才是承諾，才要遵守。反而為人最基本的誠信，都被大家遺忘了。這也難怪與劉金標先生的會面，會讓我驚異莫名。

後記：

有一個讀者質疑：合約上的條件一定要執行，但合約內沒註明的事，就算曾經討論過，也要履行嗎？我的說法是，如果你是老闆做得了主，那一定要守信用，如果你不是老闆，做不了主，當然只能盡量遵守了。

現在企業都是專業經理人當家，合約代表公司的承諾，個人私下的言論，有時公司無法周全，這說明了合約為何會越來越複雜。

6. 無力負擔的奢華

假設當世界末日來臨時，誰會先死掉？生活水準高的會先死掉，而能用最簡單的生活條件存活的，會熬到最後才死，蟑螂能存活億萬年，就是因為能面對惡劣的環境。

喜歡擺譜的人是悲哀的，奢華成習的人是危險的，超乎常人的生活水準，只會讓他們處境更艱難。因此從很年輕的時候，我就不願意華衣美食，不是沒品味，是不願意養成負擔不起的奢華習慣！

民國七〇年代，來來飯店開幕不久，那是台北最著名的豪華飯店，而它的十七樓會員俱樂部更是富商巨賈雲集的場所。擁有一張來來十七樓的會員證，就是尊貴的象徵。

當時，我換了一個工作，新老闆為了表示肯定，替我買了一張來來飯店的會員證，並告訴我，所有的消費由公司埋單。我非常感謝老闆的賞識，但我從來沒使用過。半年過後，老闆發覺我沒有任何消費，十分訝異，他告訴我，儘管去用，工作辛苦，放鬆一下也是應該的，更何況，替公司做公關也是必要的。我再一次謝謝老闆的厚愛，但那一張貴賓卡，一直到我離開那家公司，仍然是一張沒用過的呆卡！

我沒告訴老闆我不去使用的原因，但我內心清楚，那是我薪水不能負擔的「奢華」，那也是我能力不能負擔的「奢華」，讓公司負擔我個人的消費，我覺得罪惡；我更害怕的是，一旦我養成這樣的「奢華」習慣，當我失去時，我會更痛苦，因為我無力負擔，我就不敢嘗試，不敢擁有，也不敢奢華成習。

操縱人類的欲望，一向是所有精品公司的拿手絕活，LV靠的是人類的奢華欲望，快速成長，但也讓人類走向欲壑難填的深淵；另一家公司Coach喊出能負擔的奢華（affordable luxury），也大獲成長，顯然「奢華」是豪門巨富的事，能負擔的奢華才是大眾你我的真實。瞭解自己的能力，控制自己的行為，才有機會真正做自己的主人。

奢華、享樂，都是人類的共同欲望，沒有人不喜歡奢華享樂。只不過有的人是用自己的能力享受奢華、有的人是用財務槓桿享受奢華，就如同許多年輕人用現金卡、信用卡，預借未來的收入；當然還有人用職務享受奢華，許多的公務員、高階經理人，用政府及公司提供的資源，以公務為名，行自我享樂之實；當然還有人因親情享受奢華，許多的年輕人，用的是父母的錢，花起錢來，宛如豪門富家子弟，奢華在他們眼中彷彿理所當然，完全不需要自我約束！

但奢華是會上癮的毒藥，一旦擁有，就怕失去，一旦失去，就痛苦難堪。這是我年輕時為何不肯使用來來會員俱樂部的原因。我怕我從此離不開那個職位，離不開那家公司，因為我已經習慣優渥、習慣奢華。但那都是公司給予的安定劑，我從此不敢冒險犯難，從此喪失鬥志，沉迷在接受別人餵養的舒適圈中！

當然，我也不敢給自己的兒女超過太多他們自己能力的奢華，因為我知道，他們的欲望，需要用自己的能力去完成。太早擁有太多享樂，只會讓他們的生存能力變差，只會讓他們變成奢華欲望的奴隸，父母的親情，可能化為他們面臨艱困環境時的毒藥。

我還看到許多年輕人，因為太早擁有自己無法負擔的奢華，不論是一時走運，或者因緣際會一步登天，還是真有能力、真有實力，只要環境改變，他們就從此沉淪欲望深淵。因此我更知道，就算是有能力負擔的奢華，也要謹慎使用，因為那是欲望魔鬼設下的陷阱，隨時準備綁架你的靈魂。

後記：

一個老朋友見到我，當面向我提起這篇文章，他說「負擔不起的奢華」真的會害死人，聽了這話我很意外，因為他是有錢人，鮮車怒馬，奢華對他不是問題。

後來我更體會到奢華是相對值，而非絕對值，你開三百萬的賓士，別人開六百萬的賓士，你的奢華是廉價入門款，只要心中有奢華，就進入一個永無止境的追逐。

貪官污吏為何會產生，因為他們追逐負擔不起的奢華，我們要抬頭挺胸花自己的錢，不要偷雞摸狗花別人的錢。

7. 鄉下人的矜持

這是一個巧取豪奪的社會，我幾乎都要對自己所堅持的一些原則喪失信心了，所幸力霸集團王又曾事件，又讓我恢復一點信心，在台灣商場上，王博士的奸猾詭詐，無人不知，但他又橫行商場數十年，王家的倒閉，說明社會還有公理。從小媽媽就教我們守本分，不能隨俗、不能同流合汙，不管別人做什麼，我們只能做該做的，不能拿不該拿的，這是鄉下人的矜持。

四十年前的天母，是一個極純樸的鄉下小村，和現在台北時尚最前線的天母，完全不一樣。從小在天母長大，那裡埋藏了我無數的童年記憶。

那時的天母，到處長滿了各種果樹，最多的就是龍眼，不論在路邊、屋角，或者在山上的果園，龍眼樹一到夏天，就掛滿了一串串的龍眼，令人垂涎欲滴。這些生長在路邊的龍眼，好像是無主之物，其實每一棵都有主人，但因為就在唾手可得的路邊，幾乎外來的過往路人，都會隨手摘取。可是對我們住在當地的鄉下人，卻是絕對不允許的。因為這其中埋藏了我一輩子最深刻的記憶。

有一次，一群路過的外地人，又採路邊的龍眼來吃，我實在忍不住，也跟著一起採。被鄰居看見，告訴我媽媽。回家後，被媽媽用細竹枝狠狠一頓毒打。媽媽告訴我，這是偷別人的東西。我不服氣地說：「大家都在採，為何我不可以？」沒想到媽媽打得更凶，她說：「別人做壞事，是別人的事，我們家的人絕對不可以做！」

從此我知道了，所有的東西都有所屬，不是你的，絕對不可以碰！就算東西是沒有人的，也一樣不可以拿，因為那不是「你的」。媽媽還說：「這就是守自己的本分。」每一個人一輩子都要守本分，而且就算別人不守本分，我們仍要謹守本分，不可以一起做壞事。

這個童年記憶，變成我一輩子的習慣，雖然年紀越大，見聞越廣之後，發覺這個習慣，實在有點迂腐，或者應該說這是「土包子」鄉下人的矜持，因為對大多數都市人來說，「巧取豪奪」才是常理，守自己的本分，似乎太不通情理了。

但從小養成的習慣改不了，本分變成我對應群己關係的基本態度，在我與別人之間，本分是避免紛爭、和諧相處的元素。

我只想我自己該得的，我不管別人得到多少，但這還不夠，本分的意思更是要謙虛、要客氣，對任何事情要謙虛、客氣的評估自己的能力與貢獻，因此在論功行賞的時候，就不至於過分誇大自己應得的那一份，這樣在團體中就不會引發分配不均的爭執。

「本分」讓我自己退一步想，讓我自己看到自己的不足，絕不做非分之想。如果我所屬的團隊，大家都客氣而本分，那組織的氣氛會變成人際關係的理想國，大家謙讓、一團和氣，這是我最喜歡的團隊感覺。

「本分」除了規範群己關係之外，還讓我變得務實，只問自己能做什麼，不要刻意去和別人比。小時候的經驗，讓我知道，就算別人可以胡作非為，但我不行，因此，看別人做什麼，與他們比較沒有用，因為每個人的命不一樣，和別人一較長短，只會讓自己傷心，不如回頭想自己的事。

身為鄉下人，我不能說都市人奸猾，但我樂於謹守鄉下人的迂腐與矜持！

後記：

有一個讀者寫信給我，不是只有鄉下人才有矜持，他是都市人，他的家教也是如此，只拿自己分內該得的，其餘一分不取。我承認，鄉下人是我對自己的描述，絕非只有鄉下人才單純。十步之內必有芳草，我相信台灣社會上大多數人還是善良的。

8. 工作不會傷身

許多年輕人，對全力投入工作者表示懷疑，他們徘徊在工作與玩樂之間，選擇輕鬆工作，快樂玩耍，是許多年輕人的流行。

我並非主張辛苦工作，但我認為每個人要對自己有交代，既然工作，就要有成長、有成果、有好的回饋、有升遷、有加薪，因此在工作時全力以赴是免不掉的，就如同遊樂時的全力放鬆。而「工作不會傷身」是我聽過最經典的一句話，這是日本知名企業家丹羽宇一郎的名言，他從工作者出身，成為知名企業伊滕忠商社的會長，全力投入，成就了一生的成果。

有一次到一家知名企業去上一堂領導的課，下課後一位小女生來和我聊天，她告訴我，當主管要做那麼多事，要負擔那麼多責任，太辛苦了！還是當一個小職員好，一副後悔當上主管的口氣。

雖然我知道她說的並不完全是真話，話中還有迷惘。同樣的問題，我不知已經回答過多少次，不知有多少小朋友已經和我談過類似的問題：工作太辛苦了、工作太傷身了、工作太傷害家庭生活了，如果可能，許多小朋友願意選擇不調升職位、不當主管，只要當一個小職員就好！

我的回答很簡單，你可以選擇當小職員，但你可以忍受比較低的薪水嗎？有的小朋友回答很妙：我可以找一家好公司當小職員，有比較高的福利，但工作不多。我告訴他：沒有這樣的好公司，好公司績效佳、福利好，但對員工的要求也很多，不可能有工作不多，且長期福利好的公司。

因此，要不就忍受低的成就感、低的薪水回報；要不就在職場上當「過河卒子」，勇敢向前。

其實這樣的回答還不夠，因為很多年輕人找出更冠冕堂皇的理由：如工作會傷身、會把眼睛弄壞，長期坐在椅子上會脊椎側彎等等。對這樣的說法，我總覺得似是而非，但始終也沒想出一個好理由，只能告訴他們，那你就偶爾運動一下，不要老是工作。他們的回答就更讓我無言以對：我工作都做不完了，哪還有時間運動！

後來，我出版了日本伊藤忠商事株式會社會長丹羽宇一郎的新書——《工作才能成就人》，其中一句話，讓我對這個問題豁然開朗，丹羽會長說：「工作不會傷身」，真正會傷身的，是下班之後的娛樂：喝酒、打牌等等。丹羽會長描述他在美國的狀況：連星期六也要上班，平常每天早上五、六點鐘，就被歐洲的電話吵醒，晚上則要加班和日本總部聯繫，常年這樣長時間工作，身體也沒有因此變壞，因此他認為：工作絕對不會傷身。

這一段話其實正是我的經驗，只是一直沒有清楚的說出來而已。我開始回憶，其實許多能幹、努力、全力以赴的同事，他們也都沒有向我抱怨過「工作會傷身」這件事，而他們的身體也大都維持得很好。雖然有些人身體不好，但也都是因為本身體質使然，與工作勞累並無必然的關係。

反之，向我抱怨「工作會傷身」的同事，事後證明其實他們都是能力有問題、態度有問題，「工作傷身」只是他們的藉口而已！

我終於想清楚了，「工作會傷身」其實是工作態度的問題，你對工作有不正確的想法、看法，才會出現「工作會傷身」的說法。當然如果你全力以赴工作，也全力以赴狎遊、喝酒縱欲，過度使用自己的年輕、自己的身體，那是絕對會傷身的。可是如果只有工作，絕對不會傷身！

後記：

一個小朋友遇到我，告訴我當他在《商業周刊》讀到這篇文章時，幾乎是破口大罵：胡說八道！工作者沒日沒夜、熬夜加班，身體怎能不變壞呢？何先生你是老闆，替所有的老闆來給工作者說項？聽了這話，我微笑以對，回答：沒有成就、不被認同，恐怕比工作更傷身，更令人痛苦！

9. 尋找「自慢」絕活

擁有一種無可取代的專長，是每一個工作者必要的生存要件。這個專長不僅是要會，而且是要最佳、最好，別人都比不上你，在關鍵的時候，專長出手，所有人退避三舍。

擁有「自慢」絕活的人，是組織中不可或缺的核心工作者，也是「八十／二十」原理中的重要貢獻者，這些人帶動組織成長，被人倚賴、被人仰望、被人尊敬！

台灣的驕傲、當時紐約洋基隊的投手王建民，最拿手的球路叫「伸卡球」，是一種下沉快速球，到本壘板時快速下墜，經常造成打擊者擊出內野滾地球被封殺，王建民極少被打出外野長打，「伸卡球」是王建民立足大聯盟的殺手球路。

在公司中徵選新人的時候，我經常會問：「你有什麼特殊的本事或專長？」大多數應徵者都說不上來。就算回答了，也禁不起我再三的確認，因為我要的答案是非常在行，而且真正較諸一般人而言，更深入、更專業，為常人所不及的專業，那是個人拿手的絕活，只要絕活出手，四方臣服！

日文中形容自己最拿手、最有把握、最專長的事叫做「自慢」，餐廳中的招牌等，稱為「味自慢」，「自慢」這兩個字完全沒有驕傲自大的意思，只在形容自己的拿手與在行，是不是比別人更好，其實不知道，但絕對是自己最自信、最有把握的事。

擁有自己最有把握的自慢絕活，是每一個工作者都必須具備的條件。當我在徵選新人時，我要用什麼人？當然是那個擁有自慢絕活，而這種能力又是公司需要的人！當公司要升遷某一個主管時，要升誰？當然是那個擁有自慢絕活，而那個條件又是未來當主管時會用得著的能力！

我最沒把握的人，就是那種「五育並重」，所有事都會，但所有事都不精的人。通常這種人影像最模糊，你不會留下任何印象，在組織中可有可無，就好像每一個人都如此，但少一個、多一個也無妨。

不幸的是，大多數的工作者都是這種影像模糊，缺乏自慢絕活的人。這種人是那只創造百分之二十貢獻的百分之八十的人。如何創造、培養自己的自慢絕活，是一個人成功的關鍵！

自慢絕活可以是一種態度：我對公司最忠誠；我工作態度最嚴謹、最穩當、最可靠、最積極；我可塑性最高、學習力最強；在組織中，我的人緣最好、合作性最佳。任何一種態度都是明顯的優點，都可以變成在組織中勝出的關鍵，前提是特色要夠明確，為人人所稱道。

自慢絕活也可以是一種技術：財務的專長、行銷的專長、企業的專長……；也可以是一種能力：電腦、語言、溝通、公關、廣告……；甚至自慢絕活也可以是一種嗜好：高爾夫、網球、釣魚、登山、圍棋、美食、旅行……。技術與能力是工作上明確有用的專長；而嗜好則證明一個人多才多藝而有趣，是個性格鮮明、舉止出眾、特立獨行的人。

有心而長期穩定的培育、學習、追逐，則是培養自慢絕活不可或缺的方法。

年輕時的同學、同輩或朋友，幾年不見之後，忽然發覺他們都變成某一種領域的專家，這就證明了自慢絕活並非天生擁有，而是每一個人按照自己興趣、專長，不斷的長期努力學習追逐而來！

每一個人都應該自我檢討一下：我有超乎常人，讓自己自信、自豪，永遠可依賴的自慢絕活嗎？

後記：

許多人在組織中，惶惶不可終日，因為他們能力不明、影像模糊，對組織的貢獻也不足，存在需要靠人緣、靠內部公關，這種人永遠是組織中最辛苦的人。每一次變動，隨時可以被取代。

我其實胸無大志，只求不要看別人臉色，有自己的尊嚴，因此只好不斷培養一種無可取代的專長，但最後發覺這原來是每一個人真正的價值！

10. 口水多過茶

每個人都有夢想，也都有理想，但大多數人有想法沒方法，不知道怎麼執行、怎麼下手，因此讓計畫停在空想，一事無成。

NIKE的廣告名言：「Just do it!」深入人心，對休閒、對運動，或許我們都能「Just do it!」，但是在工作上，我們敢這樣嗎？我們猶豫，美其名曰：「害怕」；我們討論，美其名曰：「充分溝通」。但就是缺乏行動，沒有行動，一切佇在原地。我們寧可在行動中犯錯修正，而不要成為口水專家。

工作中經常遇到一種狀況：當某主管提出某項新構想時，經常就會有許多人從各種角度反覆斟酌，有的人說這可能會有某種副作用；有的人說，這個構想不周延，還需要仔細研究。經過大家的七嘴八舌之後，大多數創新的想法都胎死腹中。

我冷眼看著這些討論，當然有些想法是浪漫、不切實際而不可行的，被腰斬不足為奇。但是也有些想法則不然，確實具有突破性的創見，只不過因為是創見，太新穎了，與現況難免有些不相容。理論上，只要克服這些不相容的部分，這個創見是有可能實施的。只不過如果放縱公開的討論，通常這些創意會被犧牲，因為大多數主管會 play safe，採取保守而安全的策略。大家寧可停在原地，什麼也不做，而不願採取積極的作為。

這就是大多數組織與工作者的實況。廣東有句俗話：「口水多過茶」，指的是說得多、做得少，完全沒有實踐性、沒有行動力。不幸的是，大多數組織中的人，都是口水多過茶的人。

仔細分析工作者「口水多過茶」的原因，主要來自幾項：一、怕麻煩，不願改變；二、見樹不見林，只見其副作用，而未來宏觀衡量應是其整體的好處；三、完美主義，每一個行動都覺得要設想周延，謀定而後動，當有些小事、小問題沒想清楚時，就只好停在原地。

前兩項原因，基本上是工作者的基本態度不對、基本判斷不對，他們除了自我要求、改進外，完全沒有探討的空間，但第三項完美主義則不然，這是工作無績效、步調緩慢、難有成果的超級殺手，也是組織中「口水多過茶」的真正原因，需仔細探討。

嚴格來說，任何計畫，在事先規劃設想階段，都有預演未來的成分，很難期待其設想周延，並在過程中要求一切按照計畫進行。大多數的狀況只能盡可能仔細規劃，然後在執行的過程中，逐步校準、調整，在工作中修正，在錯誤中學習成長。

如果要求計畫完美、無懈可擊，幾乎是不可能的。計畫的完美主義，根本就是不做事的代名詞，也是膽小、怕事的代名詞，更是工作停滯不前，沒有進步的元凶。

「完美主義」可以用在事後檢查工作品質，用在事前衡量行不行動、做不做事，是絕對不可以的。行動、計劃、工作改善，只能問有多少成把握，是六成，是七成，還是九成，絕對沒有百分之百的，通常所有的作為會有正效益，也會有副作用，只要正負相抵的效益增加，就應該立即去做，而不要因為有些小顧慮，而停在原地，通常停在原地是最大的罪惡。

行動力是在不斷的行動中學習成長，執行力是在不斷的工作中，修正錯誤、校準方向，工作的成果也是在行動與執行中完成。過多的思考、過多的討論、務求其百分之百完美，只是讓你變成一個「口水多過茶」的夢想家、思想家！

後記：

一個讀者質疑不思慮周延的行動，是行為孟浪、盲動，還是應該想清楚再行動。我完全認同，但我想強調的是，如果你永遠想不清楚，永遠下不了決心，永遠停在原地，永遠坐而言……，那我會說：思慮周延只是你夢想、空想的託詞而已！

11. 認識自己背後的「黑暗巨人」

沒有一個人是完人，每一個人都有很多缺點，而進步是需要先瞭解自己有什麼缺點，才能學習改進的。

問題是，如果我們不能謙卑的面對自己，誠懇的反省，從別人的反應找出自己的弱點，我們是無從進步的。

我很少有機會運用科學化的管理工具，因為我永遠認為我最瞭解這個產業、最瞭解我自己的公司、最瞭解我所主管的業務，因此科學化的工具能提供我更進一步的情報嗎？不能！因此科學化的管理及評測工具，聽聽就可以了，不必花大錢，又浪費時間去走遠路！

可是幾年前的一個案例改變了我的想法：有一個同事，擔任那個職位已很多年！他的部屬公認他是個問題人物，甚至偶爾會在公眾場合挑戰他的權威（因為忍無可忍）；平行的同事認為他是個麻煩人物，因為常常在狀況外，做一些很奇怪的事，在辦公室裡帶來不必要的困擾，他的主管也知道他有問題，但時間保護了他，因為是資深員工，不忍心下手處理。

我終於決定找他懇談，可是結果讓我大吃一驚！我原本認為他對自己的處境總該有所瞭解，誰知道，他竟然認為自己的表現雖不傑出（帶著謙虛），至少還算OK（理所當然）。我知道這下子問題大了，他幾乎完全不瞭解自己，不瞭解別人對他的觀感，所有他感受到的不友善，完全是有心人士故意與他為敵。我非常後悔過去對他的仁慈，一直未及早規範、說明，我應對他的問題負完全責任。

這時候，我也想起了HR領域中的三百六十度評測法，這個方法讓受測者能從上司、平行單位、部屬甚至其他相關人士的角度，看到別人對他的感受、看法與建議，讓他能知道他所不知道的自己，包括優點、缺點與改進建議。

我不能不承認，科學化的管理工具是有用的，如果我有機會讓這位同事做一次三百六十度評測，相信我在處理的過程，可以少走很多冤枉路！

每一個人都有永遠無法認識的自己；我們永遠按照組織的主流價值——能力

強、有效率、肚量大、眼光遠、能溝通，期待自己是這樣的人，而永遠看不到事實的真相。事實上，每個人都離這些主流價值很遠，我們永遠是缺點比優點多，我們永遠有一輩子也改不了的缺陷，這些缺陷，當別人親口對你講出來時，你會拒絕承認、你會憤怒、你會反駁、你會構陷別人的動機，當然如果你還有自省能力，你會傷痛欲絕，這怎麼可能是我呢？最後也許你有機會誠實面對，嘗試去改變自己。但能不能真正改變，就要看自己的決心和毅力了。

問題是，人有沒有機會認識隱藏在暗處的自己，早一點瞭解、早一點改善，以免變成職場的笑話？答案當然是肯定的，只是你拒絕承認而已！

同事對你的異常反應、老闆對你的不耐煩、部屬對你的挑戰……，其實都說明了別人對你的不滿，也暗示了你的問題的存在！只不過你的反應是什麼？老闆就是喜歡別人，他對我有偏見；這個部屬天生反骨，老是找我麻煩，看哪一天我好好整治你。

我們的態度，決定了我們永遠認識不了自己的缺點，我們背後的陰影越來越大，就像腳下有一盞投射燈，光明的自己、正面的自己很小，而背後的陰影卻是「黑暗巨人」。

後記：

為什麼會寫這一篇文章，因為這樣的經驗太多了，我很認真的和部屬討論，他的問題、他的缺點，而且是關起門來，歸過於私室，希望他改進，但卻引來他強力的反彈，自我辯護，覺得我誤解他……。

我不能不承認，大多數人無法面對自己的缺點，不敢承認自己的不足，這也是大多數人停滯不前、無法進步的原因。

每一個人都應告訴自己「聞過則喜」，有人願意給我建議，提醒我的缺點，不管對不對，都立即謝謝他！

12. 工作成就定律：唯態度論

工作成果（performance）、能力（ability）、態度（attitude），這三個英文字頭組成工作成就定律：$P=A^2$，這是強調激勵，重視心靈層面的管理學者的說法，每一個人的態度決定了一生的命運，也決定了一生的工作成果，成王敗寇，因為你，因為你的思想，因為你的性格，因為你怎麼看世界、怎麼看人生。

成功的關鍵因素是什麼？能力、資源、時運，還是其他？這個有趣的問題困擾了所有的工作者，有人努力學習，因為相信能力，有人燒香拜佛，因為相信命運。但大多數人不知道答案就在自己身上，你的觀念、看法、態度，才是真正決定人生成敗的關鍵。這就是工作成就定律：$P=A^2$。

工作成就定律指的是每一個人的工作成就的大小，等於能力乘上工作態度，能力越高，工作態度越好，其成就越大，也是遠離失業的不二法門。但大多數人都只重視工作能力，念書、學習，取得高學歷，都在增強工作能力。而重視工作態度的卻少之又少。大多數的工作者缺少正確的工作倫理，對公司、同事、工作本身，是否具有正確的工作態度，成為全社會工作職場上的最大盲點。

工作態度的重要，可以從工作成就定律中看出。每個人的工作能力絕對不會是零，因此工作成就也會有高低。可是工作態度卻有可能是零，而一旦工作態度不正確，工作態度是零，其工作成就就是零，能力再高是無用的。甚至因能力強，態度不正確，反而往壞的方向發展，做出對組織、工作、公司有害的事，大多數職場弊案，都是這種人做出來的。

因此，工作成就定律，其實說明了工作就業的「唯態度論」，態度決定一切，相對而言，學歷、能力反而並不重要。

許多成功的案例都說明了「唯態度論」，一個從基層做起的人，最後可以升到總經理，就是「工作唯態度論」的註解，因為基層工作者一定是能力不足的，但因態度正確，努力學習，全力以赴，認同組織，無怨無悔，能力當然不斷增強，主管當然賞識他，所有的好運機會都會降臨他的身上，最後他當然會成為公司的最高主管，成為職場的成功者。

「唯態度論」其實不只在工作上，成功更是「唯態度論」，許多創業者將失敗歸咎於資金、經驗、時機，其實是錯的。因為只要態度正確，沒有資金的人，會得到他人的信任、幫忙，今天缺資金，但明天會解決；能力不足的人，沒關係，只要態度正確，努力不懈，今天不會，明天就學會，能力會快速累積；而今天時機不對，運氣不好，只要態度正確，不怨天尤人，繼續樂觀工作，時機、運氣總會來的。

這個社會聰明人太多了，缺少的是執著的傻子，對理念執著，對道德執著，對工作執著，對過程執著，對成果執著。成就的唯態度論，絕對可以讓你遠離失業，接近成功。

後記：

有小朋友問我，態度到底是什麼？這確實要仔細交代。

態度，源於信仰，每個人都有人生觀，都有自己相信的觀念，正確的觀念，投射到工作上，產生具體的正確態度。例如：相信世界是公平的，沒有不勞而獲，這是信仰，也是觀念。投射到工作上，就會變成全力以赴，一步一腳印，不會貪便宜、走捷徑。

觀念與態度是連動的，對外界的每一件事，每個人都會產生不同的對應態度，進而產生不同的作為。

態度的正確，包括許多層面，例如：樂觀、正面思考、負責、追根究柢……。幾乎所有聽起來很「八股」的人生守則，都很可能是正確的態度，這其實回到做人的基本原則。

13. 誠信：你的誠信值多少？

誠信是我的「自慢十二則」的第一則，人因誠信而存在，因誠信而俯仰無愧，因誠信而別於禽獸，一生不可須臾悖離。

誠信有各種註解，不枉言、不說謊、表裡如一、直道而行，這只是最基本的行為規範。誠信強調群己關係的合理對待，對朋友、對客户、對公司、對上司、對部屬、對同事，凡事要說到做到，要信守承諾，不行詐欺枉、不苟且從權……。

一個合作近二十年的生意，最近發生變化，讓我對人性有了更深刻的理解。

九〇年代初期，我剛到中國，結識了一位朋友，在他的引介下，我們合夥做了一門生意，言明資金各半，股權亦各半，但由他就近全權管理，雙方在人力上各就所長投入，但皆不計價，以使這門生意成本最低、最快速賺錢。由於雙方合作無間，且都不計較，這個生意十分順利，每年都有獲利，金額雖不大，但我十分珍惜這個君子協定式的合作，我慶幸，在陌生的中國，我幸運的遇到好朋友、好夥伴，這是最高境界的合作。

可是最近無意中發現，這位合作夥伴把一些不應有的費用，夾帶進我們合作的生意中，雖然在我的追問下，他承認錯誤，並表示是新來的財務人員無心的過失，也願意更正，回復原狀。但我深入瞭解之後，這並非財務人員的問題，而是這位合作夥伴自己原有的生意每下愈況，而我們合作的生意則持續賺錢，才使他出此下策，現實的處境艱難，讓他做了不該做的事。

這次的經驗，讓我想起了幾年前發生在我朋友身上的一件事。

我的朋友是一個成功的貿易商，公司不大、人不多，但生意穩定賺錢。他把公司的財務及個人的財務全部交給祕書管理，這位祕書追隨他數十年，是他最信任的人。結果，他的祕書因先生生意失敗，支票退票要坐牢，在不得已下，祕書挪用公司資金，最後還盜開支票，讓我的朋友幾乎傾家蕩產。

事後我的朋友還是很體諒他的祕書，說她是不得已的，她不是故意要背叛他。我很欽佩朋友的大度，但我更體會到，人性要經過環境的不斷考驗，並不是每一個人都能堅持到底、始終如一的。

對一向堅持誠信的我，經過這次的經驗，我不再信心十足。如果我像他們一樣深陷困境，我的家人需要金錢才能免於危機，我能像過去一樣，堅持原則，對不該做的事無動於衷嗎？對不該動用的財富，始終如一嗎？想得越深刻，我越驚慌失措，我不確定在最艱難的時刻，我真能安然度過！

我確定誠信是有環境限制的。人在順境中、在正常的情境下，人可以守住誠信。但如果社會秩序失控、外部的制約失效，人還能守住誠信嗎？又如果一個人深陷困境，在造次顛沛之際，人還能守住誠信嗎？

我也確定，誠信是有規格限制的，對小錢的誘惑，我們可能無動於衷，但是如果誘惑的金額變動：十萬、一百萬、一千萬、一億、十億……，如果拿不拿都沒有人知道，也不會有法律的制約，只剩下我一個人自己對誠信的堅持，那我們會在哪一個金額失守呢？這個金額就是每一個人誠信的規格。

不要太相信自己的道德，不要太自認自己的誠信，誘惑會包裹著各種人性弱點的糖衣，在每一個人最脆弱的時刻，趁虛而入。在每一個人還沒面對考驗時，仔細分析一下，自己的誠信值多少吧！

後記：

❶不會有人承認自己不誠信，但所做所為卻又經常讓周遭的人瞠目結舌，所以誠信最基本的表徵，可能是「做事符合別人的期待」。

❷誠信雖是內心的價值，但在行為表現上不見得能永遠信守不渝，這兩個故事都是我深刻的體驗，結論是：沒經過人生最艱難的考驗，千萬別那麼有把握認為自己是一個誠信的人。同樣的，一個誠信的朋友或客戶，也可能因時空改變而沉淪，有時候單純對人的信任，並不能長治久安。

14. 中庸：千萬不要太超過

「過與不及」是人生犯錯的重要原型，許多事是應該做或者可以做的事，做得不及或做得太超過，都會變成壞事，這一篇談的就是「中庸之道」，不要因為放縱言行，引起禍端。

一般而言，做事要恰如其分很難，做得不夠只是瑕疵，但做得太超過，往往會得罪人，後果嚴重；因此，任何事不要「太超過」，要仔細拿捏。

年終都是議定預算的時節，每年都會發生一些事，讓我對做人處世感受更深的體會。

議定預算時，我都會針對每一個預算單位衡量其營運體質，給一個策略指導：有的單位體質佳，明年要訂高目標；有的單位要休養生息，可以減輕負擔；有的單位則正在調整中，少輸作贏已感安慰。因此每一個單位都會面對不同的標準。

有一個單位，長期表現良好，但因已有多年都扮演主要獲利貢獻的角色，這個團隊操兵過度，已呈力竭之勢，所以今年我同意他們減輕負擔，以調養體質。

沒想到這個單位竟然訂出小幅虧損的目標，這完全出乎我的意料，我找來主管，瞭解狀況。主管告訴我，他們已經替公司賺了很多錢，明年若虧損，應該也不算過分！言下還振振有辭。

這當然是一個不算愉快的溝通，最後這個主管也在我的嚴詞逼迫之下，接受了小幅獲利的預算，但我對這個主管長期的好印象，幾乎在這一次溝通中化為雲煙。以他過去幾年的辛勞有理要求休養生息、減輕目標的，但是他休息得「太超過」，超過了合理的範圍，讓我一眼看出預算的不合理，變成我第一優先必須處理的對象。

合適、合理、恰當，是做人處世的最高境界，進退有據、恰如其分，則是最佳的形容。不足與超過，都不宜、都不美。如果行事作為落入「太超過」的評價，則必有後遺症，極可能因而要付出代價。

以做預算為例：討價還價在所難免，工作者保留實力，提出較低的目標，讓自己在未來一年有調整的餘裕，是很自然的事，但如果保留得「太超過」，讓老闆一眼視破，那就不美了，往往會讓自己陷入困境。

以精打細算為例：適當的精打細算，可以發揮最大的效益，用最少的資源，得到最大的成果。但如果精打細算太超過，輕者落得吝嗇、小氣之名，重者傷害朋友、同事情誼。

再以謙虛為例，謙虛是好事、是美德，但如果謙虛太超過，可能讓自己陷入自信不足、畏首畏尾之窘境。同樣的，清廉是好事，但清廉過度，連親友之間的禮尚往來都不接受，又難免矯情、孤僻之譏。

易學大師曾仕強曾有一語：慶功宴中，常種下失敗的禍因。細究其理，就是因為「太超過」。成功時理當慶祝，難免得意，這是人之常情。但凡人常常得意得太超過，以致於志得意滿、行為乖張、言語誇大、自以為是、目中無人，在慶功宴中，這些弱點就表露無遺，就此種下未來失敗的禍因。

做人處世，合宜、合適至上，揣摩自己的身分、能力、處境，以及所在的時間、地點、場合，適度的表現自己的作為，千萬避免「太超過」。

後記：

❶這篇文章在網路上引來許多討論，有人說，這樣的負面劇情寫出來，可能讓當事人很為難。又有人說，這主管長期表現好，只因預算做得不如我意，就使我對他的好感「煙消雲散」，我這個老闆似乎也太超過了。

其實故事是真的，但場景已修飾、改變，絕不會給當事人為難；至於我的感覺，過了就忘，我對這位主管的印象，還是正面的。

❷不要太超過，在許多地方都通用。法律上有所謂的「防衛過當」，就是受侵害時可自我防衛，但太超過時，也會有罪。

❸太超過通常會使自己本來有利的情境轉為不利，「防衛過當」就是明證，所以自己處在順境中，處在有利時，千萬要小心，否則稍一不慎，就會「勝部打成敗部」。慶功宴中種下未來的敗因，談的是「太超過」的長遠影響。有時候「太超過」，會讓自己立即受害，不可不慎。

15. 公平：人生是公平的

每一個人都有一些基本的信仰，例如：相信運氣的人，每天尋找幸運；信神的人，每天禱告；相信成功來自自己努力的人，每天都認真工作，絕不鬆懈。

「要怎麼收穫，先怎麼栽」，這是相信世界沒有僥倖，只要認真、只要投入，終究一定會成功的勵志格言。

問題是作惡的人常常得道，為善的人卻未必得到即時回報，看了這許多不對稱的事情，你還相信「人生是公平的」嗎？

四十歲之前的七年，是我人生最辛苦的日子，創辦《商業周刊》，讓我陷落無盡的深淵，年年鉅額的虧損，賠光了所有的錢，還負了許多債，每天下午三點半，公司隨時都有機會倒閉，我隨時都可能成為經濟罪犯。

這也是我最忿忿不平的時候，雖然我相信「老天有眼」，世界是公平的，努力勤勞者必有好報，可是這許多年的陷落，讓我不免懷疑老天是否真的有眼？

每年歲末三十這一天，吃完年夜飯後，媽媽都要求我們全家一起到關渡宮，給媽祖上香，祈求未來一年平安順利。就在我最痛苦的那九年，我會給媽媽開個玩笑：「每年都去拜，可是拜來拜去也沒什麼改善，公司還是這麼辛苦，是不是拜錯廟了，要不要換間廟拜一拜。」

聽到這些話，媽總是罵我：「死孩子，亂說話！媽祖啊！你千萬別見怪，我兒子是開玩笑的，請媽祖別當真。」

這就是我最徬徨無助時，自我排遣的方法。我其實已開始懷疑人生是否真是公平的？是否真的努力就會有好結果？為什麼我這麼認真又努力工作、為什麼我全力以赴、為什麼我不做虧心事，而且我應該也還算聰明，可是卻沒有成果，還可能倒閉坐牢？

我常常這樣自說自話：老天爺，你欠我一個公道，我已經努力這麼多年了，你難道還沒看見？你總會看見的，未來你要加倍還給我！

所幸我最大的抗議，也就是和媽祖開開玩笑，和老天爺私下對話抱怨兩句，但我並未放棄拚搏，在工作上我繼續努力。

或許老天爺真是聽見、也看見了，在我四十二歲以後，一切都改變了，《商業周刊》慢慢變好，而我接下來所做的新事業，不論是雜誌或者是出版，都相當順利，有時候甚至是「奇蹟式的成功」，連我自己有時候都不敢相信，為什麼我運氣會這麼好。

這時候，我媽媽說話了：「你看媽祖多保佑你啊！過去你累積的努力，現在媽祖一起還給你了，為什麼你現在少少的投入就會得到很大的成果？這是回報你過去努力做了很多事，卻一點成果也沒有，所以你也別高興，當你累積的福報用完之後，就不會這麼順了。」

媽媽這些話，讓我想起小時候她常說的：「你們現在命不好，我們家窮，只能過不好的日子，不過老天是公平的，你們現在過壞日子，未來你們會過好日子。」

這些話我從來沒當真過，聽聽就算了，我只相信自己的努力、自己的投入，才能確保自己的成果，自己要怎麼收獲，就要先怎麼栽，不過對「人生是公平的」，我倒從來沒有懷疑過，好人有好報，努力的人有好報，我們一定要相信這個道理，否則我們為什麼要辛苦做好人呢？

我很慶幸，在最艱困的時候，我雖然懷疑，也和上天開玩笑，但我從來堅信「人生是公平的」，沒有背離、沒有放棄，這才是我得到好報的關鍵吧！

後記：

❶「善有善報，惡有惡報，不是不報，時間未到。」這是我小學時就朗朗上口的順口溜。常常這樣說，常常聽這句話，說多了、聽多了，自己也就相信了，這當然是真理。

❷問題是當自己長期堅守正道、努力工作，卻沒有對應的成果時，很難不懷疑這世界真的公平嗎？可是世界如果不公平，那我們又要相信什麼，難道就自暴自棄、參與為惡嗎？

❸把現在面臨的困境，當作投資；把走過的艱難險阻，當作人生必要的過程。如果每個人要受的折磨是一樣的，那我寧可先苦後樂，度過一次劫難，就少一次劫難，不信公理喚不回！

16. 本分：誠實本分賺大錢

這是我用一生去體會出來的道理，要把兩個截然不同的目標，兩個南轅北轍的價值，同時匯在同一個人身上，當然會困擾、衝突不斷，當然也會讓很多人迷惑陷落。

「誠實本分」的基因，普遍存在於每一個人的身上；賺大錢的期待，也是苦日子過多了的人必然的想望，但兩者不可得兼時，我們又何以自處呢？

從小我和我媽媽一直在進行虛擬的對話，所謂「虛擬」，指的是對話並不真實存在，而是我自己在內心回應媽媽的話，為什麼只是內心回應，而不直接說出來？一來因為當時我還小，只能被動的接受大人的教訓。二來這些回應，通常是反對與反駁，說出來一定會挨罵，因此只能在心中虛擬回應。

記憶最深的虛擬對話是，每次過年過節給祖先上香時，媽媽總會唸唸有詞：所有的何氏祖先，保佑我兒子乖巧愛讀書，長大後要賺大錢。乖巧、愛讀書我沒意見，但是賺大錢，我就不同意了，因為學校的老師不是這樣教的。

小學一、二年級時，就教到孫文先生的故事，他說要做大事，不要做大官、賺大錢，也說文官不愛錢，武官不怕死，國家才會強盛，尤其我的級任導師，是個年輕、剛畢業、認真又有理想的老師，她說的話當然不會錯，而媽媽沒讀什麼書，心中只有錢，我當然要聽老師的話，要做大事，不要賺大錢。

也因為這樣，我年輕時一度認為媽媽是無知的小老百姓，被生活壓得喘不過氣來，所以一味的追逐錢，把賺錢無限上綱。甚至我還把這種現象擴大，為什麼台灣人、中國人都貪錢，心中只有錢，因為從小的家庭教育不對，父母把小孩教壞了，賺錢變成人生最重要的目標。

對媽媽的誤解，一直到媽媽過世，為了紀念她，我徹底的回憶了與媽媽相處的一切，我才發覺原來不是我想的這樣。

我回憶起更多痛徹心扉的教訓，因為偷採了路邊的桂圓，回家後被媽媽用細竹條一頓狠打。因為犯錯，不敢承認，除了一頓打之外，還被罰跪在祖先牌位前一整晚，因為我不誠實，辱沒何氏祖先。

媽媽最常說：長大要「像」人，這個「像」字是台灣語說法，指的是要做個正常人，不可做一些不是人做的事，不偷、不搶、規矩、老實，都是像人做的事。「本分」，是媽媽另一個最常說的話，做人要守本分，與人相處要守自己的本分，千萬不可以有非分之想。凡是該你的就是你的，不該你的絕對不能拿，就算一時僥倖到手，久了也會有報應。每個人都應該老實做自己的事，不老實、不本分，都是讓祖先們丟臉的事。

我終於把媽媽的邏輯串連起來，誠實本分像個人，這是每天都要做的事，也是一個人一輩子都要遵守的事。小時候，我若有逾越，就會受到立即的懲罰，而每一次懲罰，都是一輩子難忘的痛，媽媽要的是我「一生不可再犯」，我一生都要誠實本分。

因此，「賺大錢」，那只是願望，那是許願，人生有錢真好，就可以開大車、起大厝（蓋大房），所以上香時請祖先保佑。

所以誠實本分是一生不可逾越的事，逾越，就不是人，就不像人。至於賺大錢，是期待，能賺最好，不能賺也是命。

我終於懂了媽媽的話，那是用一生去體會的，也需要用一生去遵循。

後記：

❶我常覺得平凡老百姓是偉大的，因為他們沒有特權，沒有機會使壞，只能規規矩矩活著，而「誠實本分」，又是市井之間必須遵守的規範，所以底層社會的小市民，讓我們深以為傲。

❷問題是，當平凡人奮發向上之後，衝突就出現了，因為中國的傳統「功名利祿」連在一起，是孿生兒，是連體嬰，「三年清知府，十萬雪花銀」，說明了功成名就之後的誘惑有多大，很少人能在名利場中全身而退。

❸有一次到台南演講，有地方上的人士談及官場的生態，有人流傳了一句話：「做官不吃錢，子孫衰萬年」，這句話讓我驚惶莫名，為了顧忌表面的和諧，我沒有當面反駁，但我深刻體會了價值觀的衝突。
賺大錢是資本主義社會的價值，但這個目標一定要在「誠實本分」的前提下完成，否則就出賣了靈魂，不像人，也不是人了。

17. 人與事之間的得失抉擇：為人厚道，處世精明

人活在世上，不是處世做事，就是為人待人。做事精算每一個細節，務期效益極大化，以賺到最大的利益。但為人待人，卻經常是零和遊戲，我們的算計可能是別人的損失，我們的精明可能代表別人的愚昧。寬厚、寬待每一個人，才能廣結善緣。

李嘉誠的故事與鄭世華先生的家訓，述說著為人與做事之間的得失抉擇……。

曾經聽過世界華人首富李嘉誠的一個故事：有一次，李嘉誠先生宴會結束走出飯店，伸手從口袋中掏出手帕時，一個港幣銅板掉了出來，一直滾到水溝裡，當李先生試圖去揀回銅板時，飯店的服務員快速上前，揀回銅板、擦拭乾淨後，交還給李先生。李嘉誠收回銅板，打開皮夾，拿出一百元港幣，謝謝服務員的幫助。李先生拿回一個銅板，卻給了一百元的小費。

後記：

❶有一位企業家要為貧困的小學生買保險，因為是公益，所以請求國泰人壽蔡宏圖先生給予折扣、共襄盛舉，蔡宏圖的回答是生意是生意，不能有折扣。國泰人壽會另找機會做公益，這是兩碼事，不能混為一談。

這是典型的生意邏輯，大多數的生意人把生意與公益徹底切割，以免糾纏不清，所以出現「一毛不拔」與「一擲萬金」的天使與魔鬼的兩種嘴臉，令人無法理解。

❷一次演講，一位企業家回應說：通常人中有事，事中有人，那如何能又精明又厚道。這就是其中的難處，人與事無法切割，又要算計又要退讓，李嘉誠購併的故事事先精明算計、後放手，先後有別，但也有所謂的帶著寬厚之心的算計，這又是另一模式。

❸這兩者並存於心，是為人處世的最高境界，商場上所謂的「雙贏」極為少見，就是因為少有企業家能將此二者融會貫通。

18. 我愛「真小人」

「小人」是高度負面的字眼，而「真小人」也不是什麼好名詞，社會上很少有人會以真小人自居。

年輕時，我不承認我是真小人，可是五十歲之後，我知道君子難成，在我們真正做成君子之前，真小人是君子的先修班，不要隱藏我們的喜好，不要粉飾我們的缺點，不要讓別人有不正確的期待，這樣反而容易與人相處。

我創業初期，自有資金不足，找了一些投資人共同參與，除了親朋好友之外，也包括一些企業家。

我永遠記得，有一位知名企業人士，當我找他投資時，他一口答應，還告訴我，他百分之百相信與支持我，要我放手去做，不要擔心。

有這樣的股東，我十分感激及慶幸。可是日後的演變，完全出乎我的意料之外。當我創業遇到困難、要繼續增資時，他不但不願增資，而且指責我工作不力，怎麼這麼快就把股本賠光？他完全變了一個人，還要求退股，當初說全力支持的話，完全只是虛言。

反而是一些投資時不太爽快的人，投資前反覆質疑、詢問再三，但投資後，當我遇到困難時，反而對我勉勵有加，也願意繼續支持。在創業的過程中，我看到兩種人：偽君子與真小人，而之後這兩種人都跟著我一輩子；我還發覺，社會中大多數都是這兩種人。

根據我的觀察，社會上真正的君子與小人，都非常稀有，因為君子與小人都是社會中的異類，而大多數人都在偽君子與真小人之間徘徊、擺盪。

如果說表裡如一、說到做到的是君子，而口是心非的人是小人，那大多數人都是努力做好人而最後做不到的偽君子。而真正願意從一開始就不掩飾自己的醜陋與複雜的人，極為少見，這種人在我的定義中是真小人，真小人反而是我最喜歡的人，而我自己也寧為真小人而不為「偽君子」。

君子最基本的層次與道德無關，只與說話算話、表裡如一有關。

大多數人期待自己是好人，也以各種正向價值自我期許，如仁慈、和藹、寬容、大方等，在沒事時，大多數人也能盡可能的遵守這些原則。而在處境艱難時，才會忍不住露出本性，最後君子做不成，就成了偽君子。

大多數人在公眾場合、在人前，都會努力裝出偽善的樣子，而把一切複雜的算計，隱藏在外人看不見的地方，而自己到底是個什麼樣的人，只有自己在夜深人靜、午夜夢迴時，才能真實面對。

當我想清楚這種自我偽裝的真相時，我就以真小人自居，我也開始喜愛與真小人往來，因為真小人不偽善，真小人直道而行，不至於會有令人意外之舉。

與人合作，我會把我的期待、我的禁忌說清楚，把醜話講清楚，以免別人有不正確的期待。我不偽裝仁慈、不偽裝慷慨，也不偽裝好相處，我更不偽裝自己是好人，因為我自己清楚我離「好相處」很遠。

我可以不說話，但我說出來的話，一定是我真心誠意相信的話，我做的承諾，我也一定全力以赴去完成。

我不必見人說人話，見鬼說鬼話，遇到討厭的人，我只有躲開，因為一旦見面，我不會掩飾我的討厭，這讓我不自覺得罪人，變成一個不好相處的人。

賣得不怎麼樣，到了第三本終於得到不錯的銷售成績，我們很高興培育有成，滿心期待未來繼續合作。

誰知道這位作者卻與其他出版社合作，直到臨出書前才告知我們，他想試試其他出版社，希望我們諒解。我們心中波濤起伏，但也只能故作大方，在社群網站協助推廣出書訊息、出席他的新書發表會表示支持。

這是我欲將心比明月，誰知明月照溝渠！

有一個很有才華的年輕人，我很欣賞他的才氣，從報紙上看到他離職的消息，我就主動約他見面、吃飯，千方百計為他安排了一個顧問缺，讓他可以在集團內瞭解狀況，一方面也看能不能發揮一些幫助。

我還不時鼓勵他創業，因為他是一個創意十足的人。

一年後，他真的創業了。他徹底瞭解我們公司的生意模式後，去做了完全一樣的事，且百般批判我們公司的不是，鼓勵我們的客戶轉去與他合作。

這是：我欲將心比明月，誰知明月橫刀算計我！

我一生中類似劇情一再發生，我覺得我應是天下最倒楣的人，為何一直被背叛？剛開始我會十分憤怒，甚至決心要報復，可是我總會很快回到工作中，一旦全力投入工作，就逐漸忘了要生氣，也忘了要報復攻擊。

可是山不轉路轉，這些人又會被我碰到，我是真的可以好好報復，可是事過境遷，氣也消了，修理他，又何須我動手呢！天道不爽，自有天理對應他！

年紀大了之後，對這種事情，我有了更豁達的體悟：世界上有情有義的人並不多，我們有情是做人處事高尚的必然，可是我們並不能因此期待別人也一定對我們有義，遇到別人不仁又不義的對待，這只是這個世界的常態而已！

遇到這種事，最無意義的就是憤怒、抱怨，不僅傷心傷身，憤怒更可能使我們做出錯誤的回應，使問題擴大，傷害加深。

我現在已經做好心理準備：我有情，是因為我是一個高尚的人，我做我應該做的事，我不能期待別人一定有義，除非他也是一個高尚的人。可是天下高尚的人並不多，遇到我欲將心比明月，誰知明月照溝渠的事，笑笑可也。

從小我就知道，我天分不錯，但也並不特別好；我更知道，我家境不好，家庭所能提供的是最基礎的學習環境，出國免談，深造不可能，因此我唯一能依賴的是在工作、生活中，自己能做的自我探索與學習。

大學畢業，是我正式學習歷程的結束，我知道，從此一切的學習、一切的成長，都要靠自己，因為這樣，我摸索出許多讓我「自慢」的經驗。

無所不在的學習，描述了我一生的學習態度與方法。也是我一輩子如果有一些成就，真正的關鍵原因。

〈一點聰明一點癡〉，告誡自己不能太倚賴小聰明，雖然我不否認自己反應靈敏、見解獨到。〈對不在方法，對在人〉與〈承認自己是壞人〉等篇，談的都是人的變數，也就是自己。很長的時間，我檢討的是外在變數，環境、資源、時機、命運……，但很少想到自己的對錯，那是自省的空白，後來我知道真正可能有錯的是自己，而自己更可能是醜陋的惡人！

還有許多篇是學習得到的實務體驗，如〈策略與執行力〉，以及如何精準計算等，都是我用自己的話，說出學理，當做是管理學者的旁證吧！

20. 學習，Any time，Any where

人的成功，不在於能力很強，而在於能力是否能不斷提升改變，學習是每一個人改變的動力。大多數人的學習是制式的、是正式的、是有形的。但有一種學習，可以讓人永遠成長、毫無止境，那是anytime，any where的學習……。

剛投入就業不久，仍然是最愛玩的時候，一次到烏來露營郊遊，一起參加的人裡面，有一位是溪釣高手，他攜帶了全部的釣魚工具，準備讓我們好好享用鮮魚大餐。

我完全沒學過釣魚，但聽到有高手在此，很高興與他一起嘗試釣魚。那一天晚上，我們兩個就一起徹夜垂釣。我因為不會、不懂，所以其實是他釣魚，我當助手，有空時我也試試看。

這一晚上是我的溪釣學習全體驗。我從完全不懂，不斷的問一些最基本的問題，到後來越問越深；也從完全不會釣，到試試看，後來我也能釣到一些魚。剛開始，這位釣魚高手覺得我很煩，老問一些笨問題，但因為我也幫了些忙，因而也就勉強回答，到最後我們變成好朋友。

從這一晚之後，我仍然不是釣魚高手，也沒興趣，但我對釣魚完全不陌生。事實上，後來在工作上因為我對溪釣的理解，也得到許多好處：一位客戶是釣魚愛好者，發覺我也對釣魚侃侃而談，因而拉近距離，多了好些生意。後來更差一點下去辦了一本釣魚雜誌，那一晚上的機緣，讓我受益無窮。

那位釣魚高手，後來對我的評價是：怪人，對陌生的事擁有超強的好奇心。這點我完全承認，我是一個「好奇寶寶」，任何事我都有興趣，任何事我都會研究一下，不管什麼事，縱使和我的工作、生活完全不相關，但只要在我周遭，被我遇到，我都會仔細研究。尤其是我對高手特別有興趣，因為我認為從高手身上會找到最完整的答案。

我不曉得我的好奇心哪裡來的，但我確定好奇心讓我成為一個快速學習、快速成長，而且可以不需要有正規的老師，也不需要在正式的教室中，我就可以在工作與生活中自我學習、自我成長。那是無所不在的學習，也是無時無刻的學習；學習，any time，any where！

管理顧問彼得・聖吉（Peter Senge）強調學習型組織，組織要能自我調整，學習成長。我對照自己的經驗，我強調的是學習型人生，每一個人可以透過開放的胸襟，不斷的自我改造、自我學習，而其中的關鍵又在於any time，any where——無所不在的學習。凡走過必有學習、凡接觸必有長進、凡看過必多懂一些、凡遇到必追根究柢、凡高手必不放過，窮追猛打，追問到底。

這其中最需要克服的不正確觀念就是：這跟我無關，幹嘛學？這麼專業，我一定弄不懂！下一次有空再學吧！這都是凡人的想法。正確的態度是：雖然現在無關，但以後可能有用，而現在反正沒事，不妨隨手瞭解。而且不論多難、多專業，我現在能學多少算多少，絕不等到明天，不放棄現在的學習；也不能期待重回課堂的正常學習，那機會很小！

孔子說：「吾少也賤，故多能鄙事。」這是多才多藝的原因。在工作與生活的周遭，不論日子是好、是壞、是悲、是喜、是順、是逆，對學習而言，日日是好日，分分秒秒可學習，也無時無刻不可學習！

後記：

我無時無刻不在問，誰是真正的高手。因為這個社會充斥著半吊子達人，許多人敢說就成專家，向這種人學習無異問道於盲。但真正的學習，要找到真正的名師，因此做任何事，我總要花很多時間，尋訪名師，就怕問道於盲，找到真正的高手，學習就會步入坦途。

21. 貴人出現，小人走開

春節，一年的開始，許願的季節。

在一次春酒宴後，主人熱忱的安排放天燈的餘興節目，每一個人在天燈上寫下自己的願望，從身體健康、事業順利，到兩岸和平、台灣國萬歲，願望無奇不有，說明了台灣社會真是多元，其中一個年輕人的願望吸引了我：「貴人出現，小人走開」，這是職場中常見的說法，也是算命先生常用的話語，但卻引起我極深刻的省思！

每一個人都在期待生命中的貴人，甚至把貴人的幫助，解釋為許多人成功的原因。更多人常常遇到小人，把所有的不順利都說是小人阻撓、攪局、作梗，「防小人」絕對是算命先生萬無一失的警語，小人幾乎是現代職場中普遍存在的全民公敵！

我對「貴人說」沒有意見，因為回顧這一生，確實承許多貴人之助，才能逢凶化吉。但對「小人說」則完全不能理解，也不能認同。

我承認這一生曾經遇到過一些麻煩的人，給我帶來許多的困擾，但這些人充其量也只不過是一些想法、觀念、工作方法與我不同的人，我可以說「道不同，不相為謀」，但說他們是小人，確實又太過了！我遇到更多的是厲害的對手，聰明、高明、訓練有素，常讓我措手不及，但這些人充其量也不過是「敵人」，但不是小人。

敵人因立場不同，各為其主、各爭其利、各謀其勝，是對手，可以「揖讓而升，下而飲」。小人則是人品不佳、道德低下、手段卑劣、素行不良，想想看，在我們的周遭真的充斥著這麼多「小人」嗎？我想不至於。理論上「小人」應該是「壞人」的同義字，而「壞人」與「好人」又是相反詞。從統計學上的常態分配來看：在整個社會中，好人與壞人都是極端值，都一樣稀有，如果你覺得社會上好人不多，貴人少遇，那壞人、小人也都一定不常見。

但小人說又何以如此普遍呢？其實這些小人大都只是我們的對手（或者敵

人），當我們遇到難纏的對手，或是打不過的對手，最簡單的療傷止痛良方，就是將其「妖魔化」為小人，因為他是小人，道德低下、手段卑劣，我為「奸人所害」，輸了沒有什麼可恥的，自己沒有什麼可以檢討的，一切的失敗或挫折，都是命運之神捉弄……。

我不能說辦公室中完全沒有小人，就算有，數量一定很少；但職場中卻充滿了對手，每個人都想求表現，但因績效評比，讓所有的同事都變成對手，而如果我們不能平心靜氣的看待職場競爭，而將對手妖魔化，那麼所有的人都變成「小人」了。

把對手妖魔化為小人，還有一個嚴重的後遺症：無法向敵人學習，敵人能打敗你，必有所長，師敵長技以制敵，這是下次見面反敗為勝的關鍵。但對手如果是「小人」，是邪門歪道，我就沒什麼好學的……。

我很清楚，台灣社會雖然道德低下，但仍然小人不多，只不過是因為我自己戴了「妖魔化」的眼鏡，以至於把所有的對手，都變成小人。當我們不能面對對手，學習敵人，而只是背對敵人，吃著妖魔化對手的春藥，自我洩欲，你將永遠是失敗者，而且是個氣量短淺的失敗者！

後記：

老友打電話給我，調侃我真是大氣，心中無小人，氣度不凡。我愧不敢當，我並不是真的沒遇過小人，其實還不少，但每次一想到這些人，如果是小人，而我又曾與他們為伍，且曾經與他們為友，那我自己不也可能是小人嗎？否則怎麼會在一起？那就豁免他們小人的罪吧！同時也免除自己是小人的可能！

22. 一點聰明一點癡

如果一個人才氣不足，庸庸碌碌過一生，也就罷了。問題是很多人才氣縱橫，最後又沒什麼成就，那就冤枉了。通常這些人都是「聰明反被聰明誤」，太聰明的結果是沒耐性，不能按部就班一步步向前走，他們雖然有一些小成果，但不會有大功業。

這篇〈一點聰明一點癡〉是讓所有的聰明人，可以從另一個角度再想一想。

我見過一個非常聰明的年輕人，學歷又好，擁有國外的碩士學位，他一度是我最看好的未來接班人選之一，但這件事始終無法如願。

他做任何事，都能快速上手，表現傑出。但問題是剛熟悉一件事，他就開始想下一個職位，他的期待與要求，總是比主管快。當然基於人才培養，許多次我也按照他的意願，提拔升遷。甚至我還一度自責，是不是我的反應慢了，以至於讓一個有為的年輕人，浪費了太多的時間，埋沒了他的才氣。於是我密切注意他的動向，以免再度犯錯，又被他先開口要求，落入後手，處境艱難。

結論是，他還是比我急、比我快，我的小心仍然趕不上他的急切欲望。最後我不得不承認，他實在太聰明了，聰明到在組織中，很難有一個職位適用於他，我不得不放棄這位讓我愛不釋手的年輕人。

他走上創業之路，以他的聰明，很快擁有一個小格局的成果，每年有金額不大的獲利，足以讓他逍遙自在。可是從此他面臨瓶頸，如果要做更大的事，光靠聰明是不夠的，還要決心、毅力、格局、氣度、勇氣，而其中有許多特質都是他所不足的。

我只能替他可惜，好一塊材料，只因為太聰明了，聰明得仔細計算所有的事情，都要用最快、最容易的方法做事，期望速成、期待短利，欠缺了「癡勁」與「傻勁」，而使他陷在「舒適」的泥淖中，擁有小成就，難成大格局。

這讓我想起台灣財經前輩汪彝定先生的一句話：他常念著「慧女不如癡男」，如果剔除性別眼光，這句話正是這個案例最好的註解，任何人「慧」不如「癡」，慧易成事，但難成大局；癡似呆拙，但孜孜矻矻，一點一滴，最後終能成就不凡的格局。

如果你是「癡」人，笨人沒路走，只能努力，無需多言。問題是社會上「癡」人少有，大多是聰明人（或者其實是自以為聰明），聰明人就是精於算計，心思複雜，以至於小算盤每天打、時時打，稍有困難就不做，稍遇挫折就放棄，立即無利就回頭；長遠大計無心想，結果是小成可也，大事難成。

最好的思考是，不論你是聰明人還是癡人，常常替自己留一點「癡心」，刻意去做一些看起來笨的事，凡事想長一些、想遠一些。利益不要計算那麼精準，刻意找一些辛苦、困難的事來做；刻意找一些需要冒險進取的事來做。然後發揮你的決心，考驗你的能力，激發你的堅持、磨練你的執著、成就你的耐性。讓成果滴滿你的汗水、淚水，這是另一種試煉。

太多的聰明，是上天的恩寵，當然要感謝，但也是上天的陷阱，讓你少了執著、堅忍的力量。最好的搭配是「一點聰明一點癡」，有足夠的聰明分析難易、好壞，但有時也要能有耐性，做一些短期看起來並不聰明，但長遠有利、有益的事，每個人最終的格局，決定的關鍵是「癡」，而不是聰明。

後記：

明明是聰明人，如何擁有癡心？

其實這是「小聰明」（streetwise）與大智慧的差別。聰明人選容易做的事，大智慧選難的事，難的事少人做，競爭者少。有時候還需要有精誠所至，金石為開的耐性，沒有耐性，等不到春暖花開，能等、能忍，通常是癡人與癡心。

23. 對不在方法，對在人

每一個人都要探討別人的成功經驗，學習別人的成功方法，認為用對了方法，就有機會成功。邏輯上沒錯，「他山之石，可以攻錯」，但學習對的方法，並非保證成功，這其間還有別的變數。

人就是其中的關鍵，任何工具，換了人，效果就不同；任何方法，換了人，結果也不一樣。在學習方法的同時，請思考一下自己，思考一下人的不同，自己是不是對的人，要真心面對！

一個年輕人，努力工作，忙碌了半輩子，他一直在創業做出版，但一直沒能真正賺到錢，有一天他急著跟我見面，想告訴我一個突破性的計畫。我雖然忙，但仍然很樂意給年輕人一點意見、鼓勵。他說，他決定學習某位成功同業的做法，一年只出二十本書，但要求本本暢銷，用精準的選書，替代大量出書，來提高營業額、提高獲利率。

他又說，他仔細觀察了這位同業的做法是大量閱讀國際書訊及出版消息，並參加國際書展與國際出版業建立良好關係，這樣就能拿到大書、暢銷書。聽完他的想法，我百感交集。

我想起另一個經驗，我投資的一家小公司，虧損連連，我與主事者懇談，想找到原因，好協助他。從頭到尾他一直訴苦：時機不對、競爭者太強、資金不足、員工太笨；並且告訴我，他已盡全力改變，但不可得。

這兩個故事，對我而言，有相同的啟發，第一個故事是「對不在方法，對在人」，因此學別人的方法是沒用的，因為人不一樣。第二個故事則是「錯不在方法，錯在人」，因此檢討方法是無效的，因為人根本是錯的。人的不同，決定事情成敗。而我們看問題，檢討問題時，往往忽略了人，而著重在方法上。

或許應該說，並不是我們過度強調方法，而忽視人的問題，其實人只有在檢討和自己有關的事情上，才會不自覺的忽視人的問題，因為只要是人有問題，很可能就是自己有問題，而你能面對自己可能是個笨蛋嗎？不太容易！

以第一個故事為例，那一位出版同業的成功，是因為主事者知識淵博、判斷精準、眼光獨到。因為有英明的選書人，才能做對書、選對書、賺到錢。我告訴這位年輕人，要學習別人成功的經驗，先解讀「人」、學習「人」，把自己變成跟他一樣的人，再學習方法才有用。

第二個故事，懇談完之後，我的結論異常簡單，我根本看錯人、投資錯人。生意沒錯，時機沒錯，方法也沒錯，因為人錯了，所以把一切都弄錯了。不幸的是，他根本不認為自己有錯。

人最不瞭解的就是自己，老放大自己的優點，忽視自己的缺點；甚至覺得自己沒錯，一切都是別人的錯、都是外部環境的錯，一切都是運氣的錯、都是時機的錯。

面對自己有關的事，正確的檢討或思考模式，應該是「一切都是我的錯」，先假設自己有錯，強行找出自己的錯，經過這樣嚴苛的自我檢視之後，如果自己有錯，你應該會很快找到，也可以進行改進。當然也可能自己沒錯，而經過不斷反芻自省之後，你更有信心去檢討外部的人或事。

如果要學習別人的成功經驗，關鍵不在學習方法，而在學習「人」，學習成功者的態度、思維、特質、風度、氣量，這些才是成功的核心，也是方法背後的潛在要素。不要陷入一般人只會學習方法，本末倒置的狀況中，以至於複製、學習都不易成功，但卻永遠在追求方法的更新，卻忘記一切要從自我檢視、探索開始。

在人的社會中，人才是核心；在自己的生涯中，自己才是關鍵，自己的對錯，決定了一切，不要被表象所迷惑，不要怕面對自己的醜陋，才有機會找到正確的答案。

後記：

我並不是否認方法的重要性，但任何事我難免要回歸人的原點，太多的經驗告訴我，同樣一句話，有人說來令人動容，有人說來就虛假難耐，解讀自己、瞭解自己的強弱短長，其實會讓自己少走很多冤枉路。

經營大師傑克．威爾許（Jack Welch）在接受《商業周刊》訪問時說：「人對了，就對了。」顯然東西方的看法相近。

24. 策略與執行力

策略是高尚而偉大的事，每一個人都喜歡談，但我懷疑是否大家都懂；執行力也一度是熱門話題，但什麼是執行力呢？

做對的事與把事情做對，是我對策略與執行力的解讀。沒學問，但易懂、好用，極具參考價值。

二十年前，或許更早，策略一詞風行企業界，經營企業要談策略；不談策略，簡直沒知識、沒學問、沒前途；西元二〇〇三年，執行力成為企業經營新的流行語彙，不談執行力，一樣沒知識、沒學問、沒前途；甚至還多一條罪名：落伍，趕不上時代！

說老實話，我從來沒弄懂策略過，我對高來高往、不著邊際、天馬行空的事沒興趣，對執行倒是頗有心得。年輕時，對老闆交付的事，從不知如何說不，總是傻呼呼的徹底做到；年紀大了，當了年輕人的老闆，做任何事總要找到切實可執行的方法，才敢下手；下手之後，就全力以赴，不達目的，絕不終止。

對策略與執行力，這兩個經營學上的流行語彙，我個人倒是有我自己的簡單解讀。策略是什麼？就是在正確的時間選對的事做，做對的事（Do right things）；執行力是什麼？就是全力以赴，把事情做對、做好（Do things right）。這兩者一個是高層次戰略面的事，一個是底層戰術面的事。

平心而論，大多數工作者用不到策略，就算用得到，機會也少之又少，那是老闆在選擇大方向，進入新領域，「要不要上市？要不要出走？」「要保守，還是要擴張？」這種時候會用得著的事。

不幸的是二十幾年來，策略成為企業經營最重要的話題，每個人都想運籌帷幄，卻把工作細節放在一旁，天馬行空談大事、談方向、談規畫；但底層翻土、施肥、除草的事，卻沒有人認真做好，結果是企業經營之田，任其荒蕪。

工作者真正用得到的是執行力，老闆交付你任務，做什麼事已確定，策略思考的空間很小，你剩下的挑戰是如何把任務完成，把事情做好；老闆交付的事可能是錯的，但是你還是有機會把錯的事做對、做好，讓公司得到比較好的結果。更嚴格的說，執行力不只是把事情做對，更要講究的是用更少的時間、更少的資源投入，得到更大的成果，這就是執行力。

大多數工作者用得到策略的地方，反而不是在工作上，在公司裡；而是在生涯規畫的內心世界：選對了行業嗎？選對了公司嗎？跟對了老闆嗎？選對了適合自己興趣的工作嗎？這都是你在進入職場前，就已經決定的事。

奉勸所有的工作者一句話，徹底做好現在的工作，高效率的執行，這才是你的本業，至於策略，回家去想吧！

後記：

❶我不是喜歡讀書的人，但真要讀書，一定要把書中的道理，轉化為我自己的想法，用我自己的說法，把道理重述一遍。目的是要真正消化書中的道理，每一次我如能成功的重述，就真的感覺心

領神會。

策略的書看多了、聽多了，但一直到我用自己的話講出來，我才覺得摸到策略的邊，開始能體會策略是什麼。不論聽到什麼大師言論，嘗試用自己的話，重新說一遍吧！

❷有人問我，可不可以把策略再說清楚？

我的說法：「一個人或組織，思考現在處在什麼環境？未來可能如何變動？組織或個人應該做什麼事、應往何處去」這是策略思考，是當我們還未決定行動前，需要先想清楚的事。簡單說，也就是「什麼時候做什麼事、怎麼做，會得到最好的結果」。而執行力是已決定什麼事之後，如何用最快、最有效率的方法完成。

25.第一時間，勇敢面對

危機隨時都在發生，處理危機也是每一個人一生中必須學會的課題，成功的人都是歷經危機之後，更加強大茁壯，失敗的人，也通常是在危機中覆亡。

美國地產大王川普，遭遇多次危機，但他「第一時間，勇於面對」的態度，讓他逢凶化吉，這是危機處理的帝王法則！

美國的房地產魔術師川普，在上個世紀九〇年代初期，因快速擴張，再加上經濟不景氣，而出現瀕臨倒閉的危機，負債數十億美元。所有的人都在等著看川普的笑話。這時候川普選擇在第一時間，主動面對所有金融機構。他邀集銀行團見面，並提出凍結還款五年的計畫，並且告訴銀行家們，繼續支持他，川普會回報金融機構長遠的獲利；但如果他破產，所有的人都將受害。

川普果真得到金融機構的支持，而在五年的調整改善之後，川普現在又是美國知名的富豪，也是成功的企業家，沒有人受害。

這可是經典的危機處理案例，方法只有一句話：「第一時間，主動且勇敢面對！」

這讓我想起三十年前第一次創業的經驗：當年我開了一家「青年商店」（農委會推廣的小型超商），開店前，因為貪圖大量進貨折扣，進了一批數量極大的洗衣粉，根本賣不掉，但我完全不知這是問題，也不採取任何方法，幾年後，一直到商店關門，這批貨都是我永遠的痛。

類似的狀況，常常發生，遭遇問題，忽視逃避；面對危機，託辭延宕，非要等到火已經燒起來了，才開始想辦法急救，通常大禍已成，力難回天，台灣多少企業，都是在拖延中灰飛煙滅。

對所有工作者而言，發生困難，面對問題，是每天都會出現的功課；對企業經營者而言，出現經營危機，也是必然的事，問題是大多數人的習慣都是喜歡面對順境、討厭逆境；忽視困難、淡化問題、漠視風險、逃避危機，是人之常情，只有極少數膽識過人的英雄人物，能在「第一時間，主動、勇敢面對」問題與危機，也才能度過困難，永保安康。

如何能成為一個不逃避問題，勇於面對危機的非常人呢？我的方法很簡單，把最多的時間和精力，分配給那些你心裡不喜歡做的事！

我的經驗是：如果我有幾件事要做，那些我很想做，或是喜歡做的事，通常是好的事、容易做的事或者是錦上添花的事；而不想做的事，通常隱藏著困難，包含著危機。同樣的，如果你管了許多單位，你喜歡去的單位通常是好的單位；你不想去的單位通常是問題單位。

而逃避問題，最常見的方法就是忽視它，或者認為它根本沒問題，所有人都會這樣；但內心的直覺，會讓你不喜歡有問題、有困難、有危機的工作。因此當我想通這件事之後，我重新安排我的時間與工作內涵，第一時間優先處理我內心不喜歡的工作，花最多時間去與我不喜歡的單位溝通，花最多精力，去面對我不喜歡的人。因為這些事、人、單位，通常代表著問題與危機。

至於當危機或問題已經顯現，這就進入緊急處理階段，身為企業經營者，這時候更是危急存亡的關鍵，就像川普一樣，要不是他的主動，川普王國現在恐怕已經不存在。「第一時間，主動面對」的法則，恐怕是每一個老闆都要學會的第一課。

後記：

地震救難，有所謂的黃金七十二小時的說法，因為超過七十二小時，人存活的機率就降低很多。危機處理也有類似觀念，危機乍現時，傷害不深，而後逐漸擴大，最後徹底毀壞，回天乏術。每一個人都可能走錯路，誤入歧途；每一個人手上，也都可能遇到麻煩事，在最快的時間面對，立即處理，是唯一的方法；逃避拖延，則萬劫不復。

26. 自殺以求生存

人常常會面對轉變，轉變代表未知、代表風險，大多數人都會在面臨轉變時踟躕不前，以致於錯過了時機，如何能在關鍵時候，做出正確的決定呢？

「自殺以求生存」是一句氣派恢宏的格言，從管理學上也有理論依據，成功的公司受限既有的經驗，以致於無法啓動新經營模式，下決心放棄原有模式，這是自殺的準備。個人面對轉型，也要有自殺以求生存的決心。

一個藝人朋友，長期為生涯規畫困擾，許多年來，我們一見面就談到他想轉換工作跑道的問題。原因無他，藝人是論時計酬，雖然酬勞高，但生命週期短，年紀一大，就不能做了，他一直想發展第二專長，以做準備。但這許多年來，既沒結論，也沒行動，因為他丟不掉現在的高收入，也害怕轉換的風險。我對他這樣的討論厭煩，乾脆一見面就先聲明：「今天只談風月，不談工作。」

另一個有為的年輕人，一直對我從事的文化出版業有興趣，也和我談了許多年，有沒有機會來從事出版工作，我當然樂意。只可惜他一直在電視圈工作，待遇甚高，降薪做理想，他又下不了決心，因此一切也就是談談罷了，只是他又一直以未能從事文化出版工作為憾！

最近重讀哈佛大學教授克里斯汀生（Clayton Christensen）有關創新理論的鉅作《創新的兩難》（*The Innovator's Dilemma*），感觸甚多，原來這兩位朋友，遇到的困難，是有理論根據的，他們都被現在的成功模式所苦，以至於不敢跨出新領域，這就跟所有成功的企業一樣，當面臨新科技的「典範轉移」時（或新環境變化），總是躊躇不前，他們面臨的是「轉變的兩難」。

克里斯汀生教授的建議是，成立新公司、新組織，獨立於原有組織之外，以測試新科技、新環境、新市場，以迎接挑戰。同時要有心理準備，新公司未來可能扼殺原有公司的生存，這是「自殺以求生存」，不過自殺總比被殺死好，而且自殺之後，還有新公司延續，這是另一種永續經營。

好一個「自殺以求生存」，這是多壯烈的話，只是太血腥，也太淒涼了。對大多數人，其實沒有自殺的勇氣與決心。好在克里斯汀生的真義，並不是要大家自殺，他只是要大家面對新環境，啟動新公司，採取新測試作為，用你現在還能賺錢的經營模式，去投資創新產業。自殺也是一種心理準備，意味著有一天當「創新模式」席捲而來時，既有的公司可能死亡。

更大的問題在於，如果你沒有及早啟動應變計畫，採取行動，一直到面臨生死存亡之時，才採取「自殺以求生存」的行動，一切都時不我予，來不及了。許多大公司的衰亡，都是當「典範轉移」已經確立，新產品、新科技已經被證實為主流產品，才採取行動，可是這時新興公司早已以迅雷不及掩耳之勢席捲市場，再加上新興公司可能也已建立許多進入障礙，大公司根本來不及回應，比賽已經結束。

一切的作為，要從危機開始，當感受到「創新科技」、「創新公司」及環境變遷的威脅，就不能坐視，就要採取行動。這時候創新科技生產的產品功能可能還不足以滿足主流市場的需要，這個時候創新公司的實力，可能也只是不起眼的「車庫公司」；這個時候，社會環境中，可能只是一小撮前衛人士在談論新的趨勢、新的生活形態，一切都跟你過去所熟悉的狀況沒兩樣，但這是你採取自殺行動的黃金時間，再晚就來不及了。

企業的狀況，又比個人好太多了，因為企業可以「以新帶舊」，新測試公司的生命可與原有公司重疊，那是「first curve」與「second curve」的關係。企業不需要自殺，只是餵養一個新公司而已。但個人不同，你的生涯不能重疊，一個人也不可能做兩件事，頂多只能培養新興趣、培養新事業，以待後日不時之需。但這仍然不是生涯轉換，真正的生涯轉換，仍是需要「自殺」的決心與行動。

後記：

一個讀者問我，說自殺太嚴重，而且一個人要如何自殺呢？答案很簡單，當然不是真的自殺。而是捨棄：捨棄現有的成果、捨棄現有的習慣、捨棄現有的工作，因為不捨棄，我們無法下決心轉變。把自己放在一個回不了頭的情境，做了過河卒子，只有勇往向前，這就是自殺，進而才能重生。

在工作上成為主流派、執政黨，公司的政策與我的想法完全一致，我是公司最重要而且認同的工作者，這樣我在公司中會擁有最好的工作氣氛與工作成就感。

不過這樣的期待也可能是一廂情願，我的能力、我的表現，很可能比不上我的同事，想躋身主流派而不可得，這個時候，我會衡量狀況，我有沒有機會表現得更好，更被重視、重用，如果有機會，我會等、我會忍。但如果沒機會，我會義無反顧的「逃」。離開大媒體，我獨立創業，有很重要、不為人知的原因，就是在工作上，我的同事高手如雲，打不過他們，比不過他們，逃避總可以吧！

經過這幾十年的工作，我更確認在職場上、在工作上做主流派的重要。因為我看過太多扮演職場「在野黨」的人的悲慘下場，不是在工作上長期被邊緣化，得不到認同、得不到肯定，弄得自己抑鬱終生，變成可憐的人。更嚴重的是和公司反目，淪為裁員、資遣的對象，浪費了青春、浪費了生命，得不到自我肯定。

我確定，要工作，就認同公司、認同老闆、全力以赴，做組織的執政黨；要不就辭職走人，天下之大，豈無我發揮之地，尋找認同我的公司去奉獻。只有一件事，我絕對不做：在組織中淪為在野黨，自怨自艾、抱怨批判、浪費青春、虛擲生命！

後記：

有人問我，在公司中做主流派，不就是做老闆的走狗、應聲蟲嗎？我不願用這樣的思考角度，我認為工作者和公司、和組織、和老闆是一家人，做主流派的意思，是和公司有共識，有共同的願景，與老闆利害與共。做主流派的意思，更是大家同心協力，是一個緊密的工作團隊，那是工作的最佳氛圍。

28. 承認自己是壞人

大多數人不能承認自己缺點，聽到別人對自己有負面的評價，第一時間努力做的是：解釋、辯駁，反而不容易去檢討改進。孔夫子說的「聞過則喜」，其前提是要能承認有過，才能喜、才能改、才能進步。

而人不能承認自己有缺點，其原因是認為自己是好人、是完人，如果我們能承認自己是壞人，身上有許多壞的基因，那就不會浪費時間去解釋了。

每一次看到媒體報導我們的公司時，總是覺得不對勁，如果是負面的報導，那當然不是事實，都是媒體斷章取義，別具用心；就算是正面的報導，我也覺得不對，覺得媒體沒有寫出我們公司真正的好，媒體對我們公司瞭解不夠！

這是對自己公司的看法，如果是聽到別人對自己的評價，那就更極端了。只要聽到別人談起自己，絕對聽不進任何負面的評價，一旦聽到任何負面的評價，我們通常的反應是：這是誰說的？第一時間要找到誹謗自己的兇手；通常知道是誰說的之後，接下來，我們就會汙名化這個兇手：「因為我得罪過他，所以他就打擊我！」或者「這個人講話本來就不客觀，他看誰都不順眼……。」有時候雖然覺得別人的說法有道理，我可能確實有這樣的缺點，但是最後還是免不了替自己辯駁：是別人誤會了，當時的情況不是那樣，我絕對不是那樣的人……。

有很長的時間，我活在別人的評價和自我認知間的人我戰爭中，不論我多麼真誠，我改變不了別人可能對我的一些負面評價；不論我如何解釋，也無從讓所有的人都瞭解我，那是一段痛苦的日子，活在別人的陰影中，我找不到真正的自我。

直到有一次，媒體上寫了一段我公司的負面新聞，其離譜的程度，到我不需要辯駁，社會大眾就知道不是真的。因為這樣，我反而哈哈大笑，自我嘲解：「一定是我過去當記者時，寫了非常多缺德的報導，現在才會有這樣的報應！」這次坦然面對的經驗，讓我有全然不同的觀感，我覺得真相永遠在那裡，其實沒有人能一手遮天的。而好壞之間似乎也沒有截然的分野，端看評價者對自己的立場和態度而定，朋友會說我是好人，敵人會說我是壞人，而我到底是好人還是壞人呢？誰知道！

有了這一次的經驗之後，我開始走出別人評價的陰影，我不再在乎別人對我的說法是否合乎我自己的認知，我只在乎造成這些評價背後的事實如何，如果這些負面的評價是事實，那我就努力去改正那些負面的評價。

再過了一段時間之後，我的認知就更昇華了，我明確知道自己可能是「壞人」，會有「壞心眼」，會「做壞事」，因為我不可能是完美的人，我只是一個會犯錯的平凡人，因此我對外界的評價，有更坦然的態度，我連分辨事實與否都免了。我根本假設我自己就是「壞人」，別人對我的負面評價，就是事實，因此我現在唯一該想、該做的就是如何去改善、如何去改變。

我發覺我的調整變快了，因為過去我常會浪費時間去分辨真相，現在卻可以直接檢討、直接改進，省卻了許多的口舌之爭。更重要的是，當我「承認自己是壞人」之後，所有的人都願意給我意見，提醒我改善，因為我不像過去那麼自我防禦、拒人千里，承認自己是壞人，才是真正變好的開始。

後記：

❶有很長的時間，我已經不願意再規過勸善，就算是很好的朋友，我也不再直言無諱。因為給朋友建議，都要冒著引發爭辯，引起不愉快的危險，甚至還會被誤會對朋友有成見。可是當我習慣閉起嘴巴之後，我知道受到最大傷害的是朋友，因為問題永遠會留在他們身上。

❷許多人不能承認錯誤，主要原因是缺乏自信，更可能是能力不足，深怕承認缺點後，就會為人輕視，尋找自信，是改過遷善的開始。

29. 好做的事與把事做好

我們經常本末倒置，當我們搞砸一件事時，我們會說這件事太難做了，所以沒做好。而到底是事情難做，還是我們沒做好？誰都不知道。

正確的觀念是：「把事情做好，就算難做也好做。沒把事情做好，就算好做也難做！」

遇到一個許久沒見的部屬，我關心的問：現在在做什麼？他回答：我現在開一間小店，可是實在很難做；他接著反問：「何先生，你知道有什麼比較好做嗎？我想找一個比較好做的事。」我無言以對。

每一個人都在尋找好做的事、容易做的事。公務員碰面會問：你那個缺好嗎？意思是說：工作輕鬆嗎？責任輕嗎？薪水待遇高嗎？生意人碰頭會問：你那個生意好做嗎？意思是說：競爭激不激烈？好不好賺？一般工作者相遇，問的也是工作好不好做，意思是是否「事少、錢多、離家近」？

我無言以對的原因是，世界上哪有好做的事，哪有輕鬆的事，哪有容易的事？可是為什麼大多數人偏偏都這樣想，每天都在找好做的事，許多人找了一輩子，什麼也沒找到，換得的是一生一世的蹉跎！

我聽過一個醫生家族，告誡下一代學醫要學皮膚科，千萬別當外科醫生，因為美容整型當紅，好賺又沒風險，外科醫生太辛苦又危險。我還聽過一對父母親，要小孩去當老師，不是要得天下英才而教，而是可以收補習費，而且退休生活優裕而輕鬆。

這其實都是令人傷感的說法，如果台灣全社會的人都揀輕鬆、好做的做，那辛苦的事誰來做？台灣會變成一個如何急功近利的社會？

撇開社會的公益不談，就個人的角度來看，工作趨吉避凶理所當然，但問題是一味的找尋好做的事，真能得到最好的結果嗎？

我個人是不相信這個說法的，我不相信世界上有好做的事，更不相信有容易賺的錢，更沒有簡單料理的生意！

我不相信「好做」，我只相信「做好」，因為世界上沒有好做的事，任何事只要你能把它做好，最後都會有好結果的。

一個人只想找好做的事，根本是認知上的錯誤，因為世界上沒有好做的事，用一輩子尋尋覓覓，也不可能找到，結果只會落一個好高騖遠、眼高手低、不切實際的批評。

尋找好做的事，是聰明人的思考，是用巧，是走捷徑。選一件事，把事情做透、做好，是笨人的事，是癡人的思考，有的是傻勁，有的是執著。

好做的路，熙來攘往，人聲鼎沸，大家都擠在一起，就算有好做的事，也早有人捷足先登，八字不夠好、不夠硬的人是輪不到的。而就算你有機會遇到，沒一會兒，跟進的人也人滿為患，一旦大家都跳進去做，好做的事也變成難做了。

「做好」的路，參與者較少，因為笨人不多。但是因為是做好，要靠苦力、靠耐力、靠死力，而一旦做好，別人就算聞香而來，跟進學步，也並不容易，這是管理學上所謂的「進入障礙」，也是所謂的核心競爭力。

捨「好做」，就「做好」，是當今競爭激烈的社會的成功要素，不再猶豫、不再尋找，也不要再問那個笨問題：你那一行好做嗎？

後記：

一個朋友想投資做一本新雜誌，專程來問我意見：某某類型的雜誌好做嗎？我告訴他，現在社會競爭激烈，任何市場，都人滿為患，沒有一種雜誌好做。

這位朋友不太滿意，覺得我不肯講真話，我十分無奈，看來想要擺脫「好做」的觀念十分困難。

30. 追根究柢的專業精神

我看大多數人的工作，都不順眼，或許我有處女座的「龜毛」吧！可是龜毛之外，我強調的是做對、做好，如果憑知能就能做，一定不會好，還要經過痛苦的追根究柢的過程，才能做對、做好，那是專業的要求。

每次看日本的電視節目《搶救貧窮大作戰》，心中都有極深的感慨：原來這個世界還有這麼多人根本不知道怎麼當老闆，可是卻當起老闆。而要當一個成功的好老闆，原來每一件小事，都有極深的學問和講究，而這些講究、堅持、學問，其實就是現代企業經營所強調的專業主義。

經營企業只有兩種形態：專業與業餘。專業的老闆會成功，而業餘的老闆也許在短時間內，因為機緣、運氣，偶爾會有小成，但長期下來終究要失敗。《搶救貧窮大作戰》永遠拿「達人」（專家）與業餘的老闆做對比，讓專家來教導業餘的經營者怎麼做生意，從step by step，一步步怎麼做，到理念、到服務的熱忱，到敬畏每一項原料，到做好每一件事的堅持。印象中，這個節目中，從來沒有談到賺錢的方法，可是賺錢是伴隨著經營者做好每一件事，強調用專業的方法、用專業的精神，做好服務之後，自然而來的報償。

可是「達人」並非天生，他也是經過長期學習、磨練、研究而來，學習與歷練是承襲前人的經驗，而研究則是發揚光大，創造新的競爭優勢。每一個達人都有獨門的絕技，有的可公開、有的不傳外人，但都是透過長期的探索、研究，在不斷的「追根究柢」之後，而形成專業，變成專家。

這樣的專業精神，放諸四海而皆準。記得我曾經問過台塑集團的許多高級主管：台塑被譽為經營的典範，那台塑的管理精神是什麼？他們回答的用詞很不一致，顯示台塑內部並無統一的說法，不過歸納起來，都指向一個重點，那就是「追根究柢」的態度。當時無法體會，「追根究柢」這四個簡單、通俗的字，怎麼會塑造台塑王國呢？

後來接觸了比較多的管理實務，發覺每一件事情的解決都是透過追根究柢的過程，工作沒效率，追蹤到底是人，還是方法，還是流程，還是其他因素，哪裡有問題，就改哪裡，一路要追到徹底改善、效率提升為止。

追根究柢的過程，我們可能不只自己找答案，還要找專家、找同業，找異業學習，然後把每一件事情，都找到標準化的作業流程，然後不斷改進，這就是最佳化（best practice），然後要求工作者，反覆練習，一直到徹底熟練，每一次作業的誤差都很少（六個標準差），當然可以得到最好的良率、最高的績效。

每一個人，如果也能用追根究柢的精神，探索工作、生活的每一個細節，都有機會培養出某一種專業，而擁有追根究柢的專業態度，當然就是專業人。成功人士一定是專業的，你要成為哪一種人呢？

後記：

現在社會流行「達人」，任何領域都要尋找達人，可是什麼是達人呢？專業就是答案！

31. 少用判斷，多用計算：如何找到答案

每個人每天都在做決定，大多數的決定都是憑經驗、憑感覺，每一個人都需要發展出一套盡可能量化的決策過程，用資料、用計算、用分析，就可以得到結果，而不要用直覺碰運氣。

剛開始學習出版時，編輯來問我：有一本書的內容是這樣，作者是誰，我感覺這本書的內容不錯，何先生，你覺得怎麼樣，值得出版嗎？

那時候，不敢承認我不懂，只有努力的和他一起討論內容、討論作者、討論市場，然後下一個連我自己都不知道對還錯的判斷。

回想那一段，我能存活到現在，真是承天之幸。

後來，當然就不是這樣了，我們發展出一張試算表，我稱它為出版的「帝王表單」，把所有的思考，都已經盡可能量化，只要填上各種參數，自動跑出可能的營運結果，我們依賴計算，用了很少的判斷，這是一個去掉直覺、少用判斷，搜集資

料，多用計算的過程。

判斷與計算有何差別？判斷是直覺的、判斷是使用資訊少的、判斷是問結果、判斷是一翻兩瞪眼的、判斷往往是現象與經驗的立即反射、反應。

可是計算不同，計算需要有豐富的訊息與情報做基礎，然後進行複雜的未來推演，然後分別就每一種可能仔細計算利弊得失，讓決策者在複雜的情境中，能夠得到可資判斷的基礎。

嚴格來說，計算是判斷的前置作業，當所有的可能算計清楚之後，判斷才有用武之地，計算強調的是過程、強調的是未來模擬、強調的是書面作業、強調的是精準分析、強調的是做出數個方案的可能選擇。

反過來說，判斷可能是盲目的，他主要的憑藉是經驗與直覺。不幸的是，經驗又有高度的風險性，因為經驗是過去的情境、過去的歷史，而判斷是要替未來做決定。用過去的情境、用過去的經驗，要分析未來可能發生的事，難免會有高度的時間落差，而導致判斷錯誤。

或許我們應該說，精準的計算是大企業做的事，因為有足夠的人力、足夠的資源、足夠的知識，讓每一項決策，都在足夠的訊息及情報基礎下完成最佳的分析。這樣的決策，在理論上，較少犯錯的可能。

不幸的是，做為一個企業經營者，大多數的情境，都是在不可能完成這麼精準的計算下，就需要用判斷來做決定，那又如何避免判斷可能犯的錯呢？

一個快速計算習慣的養成可能非常重要，快速計算的習慣包括幾個重要的步驟：一、盡可能地蒐集情報；二、找出關鍵性的變數；三、就這些關鍵性的變動，進行快速的變動因素試算，以形成幾個不同的可能，不同結果的方案；四、就這些可能再進行最後的判斷。

經過這些程序，或許我們仍然不能全然掌握未來的變動，但至少我們可減少直覺的判斷，進而減少直覺的錯誤！

後記：

說到計算，我們都應該感謝微軟這家公司出了Excel軟體，他的試算表，能力超強，解決了許多問題，我常告訴小朋友，做生意如果不會試算表，賠錢是應該的。

32. 熱情：瘋狂的熱情

瘋子不是好的稱呼，但也不見得是壞的說法，這個世界如果缺乏瘋子，將會一成不變，將會平淡無奇。一個人如果缺乏瘋子的性格，也只是芸芸眾人中，多一個不多、少一個不少的平凡人。

人不要變成瘋子，但要有瘋狂的衝動、執著、興趣、信仰、追逐，對你相信的事、對你不滿的事、對你憤怒的事，你都要有瘋狂的熱情，去投入、去改變、去完成。

三十一歲那年，是我媒體生涯最瘋狂的時候，連續很長的時間，我都沒有休長假，全心投入在記者工作中，有一天我忽然驚覺，我和老婆已經很久沒有一起出遊了，一時大起玩心，決定安排五天的花蓮、台東之旅，以彌補對老婆的疏忽。

我正式請了假，也安排了友人在花蓮、台東接待我們，還有專車從花蓮送我們夫婦倆暢旅海岸山脈，一切都如此順利，老婆更是驚喜萬分。

但更令人驚訝的是在花蓮的第二天。

我悠閒的在旅館起床吃早點，習慣地找來《聯合報》看一看，《聯合報》是我們最主要的競爭者，每天一早看《聯合報》已經變成我的自然反應。

誰知一打開報紙，一切都變了，《聯合報》的對手記者，在我休假時送我一個獨家大新聞，看到對手的獨家新聞，我一句話都沒說，開始盤算怎麼能立即結束休假、立即回到台北上班。

老婆看我神情有異，提醒我：現在在休假，天塌下來都別管。我沒回答，立即查清當天下午五點多有一班台東飛台北的飛機，我決定用一天完成假期。

我告訴司機，我要在四點以前抵達台東機場，而這之間，我和老婆可以有六、七個小時，從花蓮向南，玩遍花東海岸。老婆雖然有一萬個不願意，但也無法阻擋我回報社工作的堅持。

就這樣五天的假期，變成二天，當天晚上我又回到報社上班，我所有的同事（包括主管）都覺得我是個瘋子，為什麼要為了一則不大不小的新聞放棄難得的假期。

我也不知怎麼說，只是當時我對新聞工作有著一股瘋狂的熱情，我投入工作、熱愛工作，沒有任何事比工作更重要。也不是主管要求我，也不是報社要求我，這完全是我自己的信念，我願意這樣工作，或許外人看我就像個瘋子一般，包括我太太在內，大家都這樣說我、看我。

離開報社，自己創辦媒體之後，我逐漸對自己當年「瘋狂的熱情」，有了更完整的體會。

我確定新聞工作不只是我的工作，因為我也曾做過別的工作，但我卻沒有「瘋狂的熱情」，如果只是工作，那就只是淡淡的感覺而已。

不是工作，那會是什麼？那是我的興趣、那是我的信念、那是我想做的事！

從創業開始，我在媒體這個行業賭上我的青春、賭上我的一生，我知道這是我真正喜歡的事，這是我的興趣，這是我即將開創的事業，這也更是我可以一生追逐的志業。

因為是這一生的追逐，所以我才會有瘋狂的熱情，會做出旁人無法理解的事。

有人問我要選擇什麼樣的工作？我回答：「興趣」。有人問我：創業與領薪水有何不同？我回答：興趣、信仰，與瘋狂的熱情，這會是永不停止的動力來源。

只不過大多數領薪水的工作者，很難感受「瘋狂的熱情」，還有很多創業者，如果心中只是賺錢，那也不會有「瘋狂的熱情」。每一個人都要想想，你對什麼事有「瘋狂的熱情」？

後記：

❶我還記得，當年我回到報社時，報社同事的驚訝還帶了些微的不滿，他們認為我放棄休假回來上班，給了他們壓力，未來他們是不是也要這樣做呢？我不能顧及他們的感覺，我做我該做的事，瘋狂本來就是特立獨行。

❷我最怕平淡的人，對什麼都喜歡，也都不喜歡，沒有特殊的興趣、感覺，這種人不會有特殊的成就，不幸的是這種人占全社會的百分之八十，如果你是這樣的人，先培養興趣和感覺吧！

33. 勤奮：從第一個字到最後一字

人生有太多的困境，在困境中，我們如何度過？如何化險為夷？

加倍的勤奮、加倍的努力、加倍的付出，應該是最基本的方法，只是這種最基本的「笨」方法，經常會被遺忘，也經常被聰明人棄置一旁，而聰明人也經常被困境打敗。

勤奮只是死工夫，卻是最有效的方法，只要我們下決心，天道酬勤、功不唐捐，笨人往往有最大的力量。

我有一個非常特殊的經驗，就是在三個月之內，從一個近乎白癡、什麼都不懂的新進記者，變成一個對所有財經政策、商場動態、產業知識朗朗上口的老記者，而方法也很簡單，就是讀報不放過任何一個字——強記死背。

一九七八年，《工商時報》創刊，九月間我正式成為籌備中的《工商時報》的新記者，完全沒有任何經驗，對所有的財經事務一無所知。而當時我們的對手——

《經濟日報》，已創刊十餘年，所有的記者都經驗豐富，採訪過程，痛苦不堪，受訪對象三言兩語，《經濟日報》記者已瞭然於心；而我因背景知識缺乏，還狀況外，以致於經常抓瞎。

面對這個狀況，我知道自己必須用最快的方法彌補，否則只有挨打的份。我想出一個最笨的方法，就是在家訂一份《經濟日報》，然後每天把《經濟日報》從第一個字讀到最後一個字，不只是內容，還包括所有的廣告。

這當然是一個無聊、無趣而且極為痛苦的過程，《經濟日報》充斥了人名、公司名、產業名、產品名、原料名，再加上數字、專業知識、專有名詞……，第一個星期，我只看懂一半不到，看不懂怎麼辦？看三遍，先背起來再說。

這其實也是個極笨的方法，但效果極佳，看懂的當然就知道了，而看不懂的部分，也大概能歸納出一些問題癥結所在，當遇到有耐心的採訪對象時，我就可以追根究柢立即尋求解答。

大約過了一個月，我約略把當時台灣商場上主要的人、公司、產業，都弄清楚了，也把正在發生的重要議題，大致掌握，等到十二月一日《工商時報》創刊時，我對台灣經濟的基本知識、動態、來龍去脈的瞭解，與對手《經濟日報》的老記者們已不相上下，我用最笨的方法，在最短的時間內彌補了新記者最大的缺憾。

人生是漫長的馬拉松競賽，要用穩定的步伐向前邁進。但人生也常會遇到危急的艱難時刻，這時我們就必須用非常手段，全力衝刺，才有機會突圍而出，每一個人全力衝刺的方法卻不一樣，而我用三個月追趕老記者十年經驗的方法，就是我勤奮工作的極致，也是我快速成長的代表作。

首先，我設定了三個月的目標，在常理上這是不可能的；其次，我選擇了最笨的方法——強讀死背；最後，我用每天十六個小時投入工作，除了睡覺與吃飯的八個小時之外，我都在學習採訪，其中讀報的時間約四個小時，另兩個小時在報社的檔案室中，翻閱過去的剪報檔，這也是在讀報，其他的十個小時，我不是在外面採訪，就是在報社寫稿。每天我早上八點就出門，一直到晚上十二點回家，那是一段工作極辛苦，但精神上極豐富的日子。

這個經驗奠定了我「極速」工作的典範，正常狀況我可以穩定的步調工作，但必要時，我知道如何全力衝刺，我可以幾天不睡覺全力工作，我也可以幾個月，每天只睡幾個小時。我還可以用一般人不能想像的方法工作，總之就是要化不可能為可能。

沒有這種「極速疾行」的經驗，千萬不要說你已經體驗過人生。

後記：

❶在《工商時報》創刊時，當時與我一起進報社的同事，常常會因為我對背景的熟悉而感到吃驚，他們也不時問我，是不是曾經當過記者，否則怎麼會知道這麼多呢？我含糊以對，不敢把我的「笨」方法說出來，怕被見笑。

❷「極速衝刺」的經驗，在人生中很重要。每個人都要測試自己「極速衝刺」的可能，必要時才能用得出來。

❸組織中常安排各種教育訓練，目的就是要彌補員工知識經驗的不足，但經常成效不彰，原因很簡單，當工作者自己覺醒時，他會用各種不可能的手段，學習補強，就像當年的我一樣，否則一切都是枉然，自己的認知覺醒最重要。

34. 學習：拿別人給的薪水，學自己的本事

學習有三種，學校學習、生活學習與工作學習，學校就是為學習而設，而生活與工作學習，都是附帶完成的學習，不是每個人都能在生活中與工作中完成學習。

每個人對工作都有不同的解讀，是薪水的對價，是勞力的付出，是老闆的命令，還是代表更多學習的可能，李模先生的「拿別人給的薪水，學自己的本事」，應該是工作學習的經典名言。

台灣知名民歌手李建復，一曲〈龍的傳人〉唱遍海峽兩岸，他的父親李模則以能幹多才，享譽台灣財經及教育界，李模的一言一行一直是台灣的典範人物。

在我替李模先生出版的自傳式回憶錄《奇緣此生》中，講述了一個改變我人生態度的故事：「拿別人的薪水，學自己的本事」，這是影響我一生重要的幾句格言之一。

李模年輕時是流亡學生，在日本侵中戰爭時離開家園，當時的李模連高中學業都沒完成。在一個稅務機關當臨時工讀生，他從收文的工作做起，因為工作認真、努力學習，很快地他就把發文的工作一起完成，就這樣他不斷的擴大工作範圍，最後，最多的時候，他一個人兼了七個工作。

我問李模先生，為什麼要兼這麼多差？他說：一方面是要多賺些錢，準備大學念書；另一方面我認為怎麼有這麼好的事，我在工作中學到了好多本事，不但不要繳學費，竟然還有人付我薪水？因此就努力多學多做，因為這是拿別人給的薪水，學到的是我自己的本事！

我那時剛開始工作不久，正為工作繁重所苦，頗有不如歸去之嘆！聽到李模這一句「拿別人的薪水，學自己的本事」，頓感發聾振聵，從此靈台清明起來。

這句話變成我努力工作、認真學習的理由。

以前只要主管交辦新工作，我都會推託，能閃就閃、能躲就躲，實在躲不掉，心裡還會不斷抱怨，為何這麼倒楣，怎麼又是我？覺得老闆老是在壓榨我的勞力。

而有了這句話，我的想法改變了，我不再抱怨接受新工作、新任務，我把新工作視為新的學習機會、新的學習可能，我高高興興的接受，努力迎向新的挑戰。

奇怪的事情發生了，這些以前視為痛苦的事，不再痛苦。而有些很困難的工作，過去我要費盡九牛二虎之力才能完成，後來竟然都不再困難。因為工作量增加，不斷練習之後，我手腳俐落、靈活幹練。對新事物，我也能快速學會上手，我變成老闆最信任的工作者，也變成單位中最倚賴的首席戰將。

我不像李模一樣，一個人兼了七個職位，因為現代企業經營已不可能有這種事，但是我變成團隊中困難與問題的解決者，不論發生任何事，只要我出手就搞定。

這個經驗強調的是學習，而不是工作的回報。薪水可能是固定的，多做事不會立即有更多的回報，但學習得到的是「自己的本事」，這是組織拿不走的資產。我們全力工作，成效良好，組織得到績效是一時的，但本事學在身上，我們得到的是一輩子的好處。

我想起孔夫子的名言：「吾少也賤，故多能鄙事」。註解是孔子的門生問孔子，為何多才多藝？孔子回答：因為幼年家境不佳，故什麼事都要自己做、自己學，因而學會了很多「粗活」。孔夫子也驗證了多做事是能力增加的原因。

現在我到處宣揚這個觀念，尤其對年輕人在剛開始學習的階段，更需要這個正確的觀念，大多數的年輕人也都能接受，但也有少數人會說，如果多做事沒有拿回報，是不是就吃虧了呢？我的回答是，人生這筆帳，不全然以金錢為單位，也不全然以立即回報來呈現。

你在多做、多學的過程中，得到的能力、認同、肯定，都不是金錢能衡量的，而未來的機遇也不是現在能計算的。

後記：

❶李模先生是台灣經濟發展中的無名英雄之一，他出身法學界，但在教育及經濟圈中，貢獻卓著，我認識他是在經濟部，他的穩重、執著、幹練，在財經官員中少見，而他的成長歷程在《奇緣此生》中完整呈現，也是年輕人學習的典範。

❷這也是一種轉念，工作不是付出，不是負擔，不是討厭的事，而是學習的練習，而是能力養成的過程。

Chapter 3

自慢的專業方法

經過不斷嘗試後，
我自己找出許多工作的概念與方法，
這些想法是不是最好的，我不知道，
但這是我最自慢的方法。

大學念書的時候，暑假在郵局打工，擔任郵件的分區分揀工作。每天都有成千上萬的郵件，要按各區域分別歸類，才能分開送達。那是一個極無趣而無聊的工作。我一度想中途逃離，但害怕留下不良的打工紀錄，只好勉強繼續留下來。

但日子實在太難過了，一定要想一個方法自我排遣，於是我自己和自己挑戰。我用三分鐘為一單位，看看每一節我能分揀多少份郵件，剛開始每一節能分揀一百多件，到最後我最高記錄一節三分鐘能超過三百件，當然為了提高速度，我自己不斷研究步驟與方法，經過不斷測試，再反覆練習，當我打工結束時，主管頒了一個獎給我，因為我是速度最高的工讀生，事實上，許多郵局的正式員工也比不上我。

用專業的態度，探索工作的每一項細節，並找到最佳的工作方法，這是我一向的工作習慣，我會先做分解動作，我會重新思考工作邏輯，我會改變流程，經過不斷嘗試後，我自己找出許多工作的概念與方法，這些想法是不是最好的，我不知道，但這是我最自慢的方法。

35. 從複雜到簡單：工作成就基本原理

事情做不好的原因只有一個：那就是事情太複雜，以至於工作者的能力不足以應付。因此改善的方法只有一個：要不把事情變簡單，要不就提升工作者的能力。只是工作者能力的提升曠日廢時，不易期待。因此，把事情變簡單是唯一的方法。

剛開始做出版的時候，書賣不好，只好想盡各種辦法來賣書，辦演講會推廣、辦書展打折販賣；找特殊通路，低價批掉；拜託經銷商，對我們的書給予特殊照顧。所有的努力，就是要把產品賣掉，改變營運的窘境！

但一切的努力，多屬白費，生意雖然有多做一些，但因而增加的成本似乎更高。更可怕的是，所有的特殊作為，都把公司的營運模式變得更複雜。許多的作為，彼此衝突，以至於營運沒改善，但公司紊亂不堪，每天都在救火。

事後，我終於弄清楚，我犯了什麼錯。事情做不好的原因只有一個：那就是事情太複雜，以至於工作者的能力不足以應付。因此改善的方法只有一個：要不把事情變簡單，要不就提升工作者的能力。只是工作者能力的提升曠日廢時，不易期待。因此，把事情變簡單是唯一的方法。

只不過，我所有的改善作為，全部是把事情變複雜，結果當然是緣木求魚！至於如何把事情變簡單呢？改變自己、改變產品是最簡單的方法，因為我沒做出讀者所需要的產品，所以書賣不掉，只要我想法改變、做法改變，做出真正滿足讀者所需要的產品，這不是最簡單的方法嗎？

有了自己慘痛的經驗後，我開始觀察所有的生意，發覺這世界還不乏和我一樣的笨人：一個三坪大的小店，賣了十幾種麵，牛肉麵、排骨麵……，問題是樣樣難吃，生意不好是因為手藝不佳、口味不佳，不是品種少；一個小貿易公司，代理了幾十樣商品，問題是沒一樣賣得好！一張小小的名片，上面十幾種頭銜，什麼事都做，只不知道什麼才是核心專業。

年紀越大，經驗越多，我越來越清楚「簡單」的重要，發覺「簡單」是許多事的關鍵成功因素。

許多人因為「簡單」，一輩子只做一件事，因而成就無人可比的專業，成為該行業的頂尖達人。許多生意，因為簡單，只解決大眾的某一種困難，因而變成不可或缺。許多產品，因為簡單，只針對一種人、只滿足一種人，市場不大，但精準而高價。許多人，因為簡單，心思單純，容易相處；許多人做決定，因為簡單，目標清楚，只有勇往直前，義無反顧，所以成功。還有人因為簡單，所以立場一致，始終如一，所以贏得信任。

簡單還可以用各種不同的形式出現：生活簡單，可以養廉，無欲則剛，人品自高。目標簡單，是聚焦、是方向明確、是共識、是團結一致。方法簡單，是流程簡化、是找到標準作業程序、是成本降低、是競爭力提升。做人簡單，是不說假話、表裡如一，無不可告人之事，一切真誠相待。

人的成長是一個從簡單到複雜的社會化過程，但隨著知識與經驗複雜之後，我們也喪失了「簡單」的原力，面對外在的複雜，內心回歸簡單是一個自我再發現之路。

後記：

剛開始當記者時，常覺得受訪者沒誠意。問成功的企業家，成功的原因是什麼？他們回答的不是認真，就是誠信，要不就是努力。問成功的銷售人員為什麼成功，他們回答的也會令你絕倒：勤快、認真、心中有客户……。

結果當我體會到簡單的道理後，發覺一切答案都是如此簡單，回到原點就會成功。我們不成功，因為連最簡單的事都沒做好。

36. 想清楚、寫下來、說出來

我遇過許多非常能幹的人，這些人經常紙筆不離身，不論何時何地，都隨時記錄下來。面對這種人，我戒慎恐懼，因為所有的事都無所遁形，白紙黑字，清楚明白。

大多數人偷懶，只用嘴巴溝通，常有極大的落差，如果能養成「寫下來」書面文字化的習慣，會大幅提升工作效率。

要觀察一個公司是否嚴謹，看他們如何開會就知道了。如果開會時每一個人都只是帶一張嘴，即興發言，這肯定是一家不嚴謹的公司，因為肯定每一個人都只是用直覺與反射神經在互相應對，不可能有深度的思考與規畫。

我年輕的時候就是如此，一向自恃口才便給、反應靈敏，因此大多數的情況，都是即席反應、即席應對。除非有人要求事先提報會前資料，我才會勉強應付。但是當我有機會比較這兩者的差異時，我幡然悔悟：「想清楚、寫下來、說出來」變成我自我強迫的工作習慣。

從此以後，我要求開會時，每一個人務必要事前準備文字資料。每個人都瞭解，我最討厭帶一張嘴巴來跟我胡說八道的人。而且我最瞭解這些人是如何打混，因為我曾經是那個最會帶一張嘴到處打混的人。

看起來這是三個步驟：想、寫、說。其實其中的關鍵只有一個，就是「寫下來」，準備一份書面資料，會使所有不明確、不精準、不嚴謹的問題一筆勾銷。

根據我自己的經驗，如果不寫下來，其實我並沒有想得少，想清楚這個步驟是永遠存在的。但是因為沒有寫下來，想只是發散性的思考，是片段的，是不周延的，而直接跳到說的過程，又會有非常多的遺漏。同一件事，如果我有機會重複說，我發覺我每一次說的都不一樣，這就是沒有「寫下來」使然。

而當我決定「寫下來」以後，我更發覺「想清楚」這個環節會更加嚴謹周延，我不再是天馬行空的想。我會先用bottom up的方法，寫下每一個相關的思考要點，這是隨機的、發散的，一旦形成足夠的量之後，我再用歸納、演繹及相關連性進行整理，最後我會重新組合，形成一個結構嚴謹的書面資料。然後，再根據這個書面資料進行說明。這就是「想清楚、寫下來、說出來」工作三步驟。

這其中還有機會把書面的文字資料，進一步整理成圖解式的表述形式，那麼對自己，對其他人，都會更具有說服力，也更一目瞭然，絕對會加速討論、溝通與達成共識。

或許有人會說，寫下來這是多麼繁複的過程，我只是表達意見而已，有必要這麼麻煩嗎？我要說：第一、經過「寫下來」這個步驟，其實是一項訓練，只要你養成習慣，絕不繁複，可以很快完成。第二、「寫下來」這件事其實更是一種工作態度，代表你的慎始敬終，嚴謹小心，絕對有助於你在之前「想清楚」，在之後「說明白」，這是一個關鍵步驟，絕不能省。

更何況，未來的數位時代，留下紀錄，留下檔案，更是不可或缺的習慣，應該訓練自己閉上嘴巴，除非你事先已經寫下來。

後記：

語言是溝通工具，文字是記錄存證工具，而文字化的過程，又可以讓思考徹底沉澱，擅長使用文字的人，通常是深沉而嚴謹的。

在我的工作檔案中，留存了無數的文字紀錄，各種計畫、企劃書、文章、小抄，這其實也充滿了回憶。

37. 有做、做完、做對、做好

為什麼做完了所有的事，卻達不成原來期待的目標，結果和自己的想像不一樣？

仔細拆解工作的四個層次：有做、做完、做對、做好，就不難找到問題的癥結。

在每個月都要做的檢討會中，有一個雜誌團隊營運出現了問題，我仔細檢視了他們的產品，我直覺的感受到，他們並沒有真正瞭解讀者的需要，產品因而也就沒能真正滿足讀者。於是我嘗試建議：定位應如何調整，內容選題應如何修正。沒想到這個單位主管竟告訴我，他們就是這樣想，也是這樣在工作。

我十分納悶，這本雜誌的內容，跟我所說的方向明明差距很大，怎麼會一樣呢？仔細分析，我終於瞭解：這是執行面的落差所造成。因為他們的定位大致是對的，但理解不深刻，工作的落差很大，所想的和所做的完全不對稱，以至於結果完全不一樣。

嚴格來說，工作有四個層次：有做、做完、做對、做好。如果事情很簡單，流程很清楚，工作有做就等於做完，甚至就等於做對、做好。如下班要關燈這件事，只要有做，就是做對、做好，四個層次沒差別。但大多數工作並不是這麼簡單。以辦公室的電話總機為例，有做、做完、做對、做好完全不一樣。因此人人都在做總機，但每個人都不一樣，你很容易辨認誰是好總機，誰是壞總機，而他們的工作成果，也反映了整個公司的嚴謹程度。

「有做」與「做完」的層次是具象而明確的。由於許多工作的步驟複雜，有做不等於做完，因此公司管理為什麼會講究流程標準化，會追逐最佳實務，這都是要讓每一項工作，不論誰做、不論什麼時候做，每一次都確定有做，而且做完，並期待得到一樣的結果。

「做對」與「做好」則是質量的層次，不容易用過程來檢驗，而是看結果是否達到我們預期的目標，如果沒有達成預期的目標，就是沒有做對，也沒有做好！

以前面的雜誌團隊為例，他們的定位沒錯、方向沒錯，也編出一本刊物，這是有做，也做完；但讀者不認同，這是沒做對，也沒做好。當我再仔細檢查，更有趣的事情出現了，有許多內容吻合定位，選題是對的；但仔細看，不是無病呻吟，內容沒搔著癢處，就是一筆帶過，輕描淡寫。這就是典型的沒有做對、沒有做好。

「有做、做完」是表面的層次，比較容易完成，當大家水準都不高時，做了就是好的。但當整個社會成熟了之後，競爭激烈，那講究的就不只是做了沒，更要求要「做對、做好」。每一次看日本的電視節目，處處表現出一個高度成熟社會，每一件事都要做到極致的精神，每一個工作者都要花一輩子去追逐一件事。他們的敬業、他們的研究精神、他們對客戶的態度，我可以感受到那是一個追逐「做對、做好、做極致」的社會，每一個人、每一種工作都在追逐「達人」的境界。

我幾乎可以確認，目前台灣社會的水準，只在「有做、做完」的層次，離「做對、做好」還很遠，每一個人、每一種工作，都應該仔細想一想，還有多大的成長空間。

後記：

有一個讀者問我，有做、做完比較容易檢查，但做對、做好要怎麼檢查呢？

這是一個有趣的問題，有做與做完是數量層次；而做對、做好是質量層次，不容易從表面去觀察，需要更進一步的量測方法。而且做對、做好通常是相關人的感受來決定，所謂的「客户滿意度」通常指的就是是否做對、做好。從使用者及被服務者身上觀察他們的反應，就可以找到答案。

38. 工作的加法邏輯

正確精準的完成工作，工作會做完一件少一件，但不正確精準的做事，工作會越做越多，因為要花更大的精力去彌補錯誤。

這是一個忙碌的社會，每個人都像走馬燈一般，和工作奮戰，和時間奮戰，用生命去換取成果與金錢，缺乏停歇與思考的空間。

因為工作做不完，因為想做的事太多，因此就急急忙忙、匆匆促促完成每一件事，求得就是更快、更好的成果。

問題是，這樣急就章的工作循環，真能得到你所想要的成果嗎？答案是否定的，因為這樣會陷入工作越做越多的加法邏輯。

理論上，工作是做完一件，少一件，扣除新產生的任務或工作不算，如果你有五件工作，做完一件，剩四件；做完兩件，剩三件，這是正確的工作方式，所產生的良性循環——減法邏輯，工作越做越少。

可是，大多數緊張、忙碌，像走馬燈一般的工作者，陷入的是工作的惡性循環——工作的加法邏輯。

我曾經要祕書，寄出兩封問候函，分別給兩位洽商中的合作夥伴，因為我正要在這兩家同性質的公司中，決定一家合作。很不幸的，我的祕書把兩封信裝反了，其後果可想而知，當他們知道我腳踏兩條船，都在進行合作評估時，就沒有人要理我了。不管我和我的祕書再怎麼解釋、說明都沒有用。

事後，我們檢討為何會發生這樣的悲劇？理由是祕書太忙了，每天堆積如山的工作，讓她喘不過氣來，讓她只能匆忙的處理，讓她無法小心謹慎的做好每一件事，結果是，每做完一件事，可能因為錯誤，而多增加了兩件善後處理的事。工作就像孫悟空的頭，砍掉一個長出兩個，越砍越多，越長越多。

我們得到一個教訓，不論工作再多、再忙，都要小心、謹慎，仔細的做好每一件事，工作的良性循環才會出現，做完一件少一件。否則我們就會陷入工作的惡性循環——加法邏輯，做完一件多兩件。

現代的企業管理，講究的是標準化的工作流程，最佳化的實務典範（best practice），其實要求的也就是精準的、有效率的完成每一個工作步驟，也就是要求把每一項工作，做到最好、做到完美，講究的是質的提升，而不是量的追求。

工作者也是如此，對付忙碌的工作，講究的也是質的完美，要養成好的工作習慣，一步步仔細的完成每一件事，寧可慢，不要錯，這才會回到工作的正軌，做完一件少一件的減法邏輯。

後記：

這是一個講求速度的世界，要用最短的時間完成最多的事，工作的加法邏輯：事情越做越多，就是追逐速度的後遺症。

「貪多」、「貪心」也是原因之一，因為期待太大，讓自己有過多的負擔，以至於忙不過來，而犧牲了品質，有時候放慢腳步是必要的。

39. 準時是經營的原點

祕魯人因全國都不準時，不得不舉辦全國對時儀式，希望從此能養成守時的習慣。對個人而言，守時是修養、是禮貌；對公司而言，準時是紀律、是競爭力、是效率，絕不可等閒視之。

日本7-ELEVEn會長鈴木敏文在他的零售鉅著《7-ELEVEN零售聖經》（商売の原点）中，特別指出零售的基本成功祕訣之一是清潔維護，這是多麼不像道理的道理，可說是一點學問也沒有。但是這麼普通的常識，卻是7-ELEVEn成功的關鍵，實在發人深省。

企業經營也有類似的狀況，「準時」是人人都知道的原則，但是這也是高效率經營與成功關鍵。

每一個公司都有計畫，每個計畫也都會有時間表，問題是有多少人能精準的按時間表執行？哪一個計畫不是有太多的變數與意外，最後所有的時間表都只是僅供參考，而大多數人也都對「不準時」習以為常，從來也不知道「準時」是高效率與成功經營企業的關鍵。

長期的媒體工作，讓我養成謹守「deadline」的習慣，因為刊物要準時與讀者見面，不論發生任何的意外，都要能被管理與補救，與讀者見面的時間不能延誤。這個習慣也很自然的被我運用到公司管理上，剛開始這只是經驗的延續，並不知其中的奧妙，但長期下來，我確認「準時」是一切經營的基本道理，也是效率與品質的關鍵。

首先為了「準時」，你就要有能力管理意外與變動，而要管理意外與變動，就要設定足夠應變的時間，並進行綿密的管理，並且要事先設定好意外的替代方案。而如果能提前準備，並綿密管理，當意外不出現時，你就會有多餘的時間，精雕細琢每一個細緻的工作環節；當你精雕細琢每一個工作環節與流程時，消極的你會把錯誤降到最低，積極的你會把工作的品質提升到最高。如果這樣，公司的營運一定會較過去大幅提升，這就是我體會出來的「準時」是一切經營的原點的道理。

沒有學問，人人皆知，但是很少人真正做到，這也就回應了企業經營「沒有magic，只有basic」的道理。

至於能不能「準時」，做不做得到「準時」，這完全不是方法問題，而是態度問題。只要你把「準時」當做是工作的帝王條款，不可變動，你就會想盡辦法達到，而且也一定達得到，因為為了尊重時間表，一切意外也都可以被管理，當意外也能管理，就沒有任何不能管理的事了。

後記：

我曾經讓不準時出席會議的高層主管，站著開會十分鐘，從此之後，全公司爭相走告，我如何無禮、如何嚴厲，但也從此知道守時、準時。

也有人質疑，路上交通不佳，很多事情無法控制，這麼嚴格要求準時，並不合理。這絕對是錯誤的說法，為什麼搭飛機很少聽到有人遲到，錯過飛機？因為你提前，因為你知道飛機不等你。

因此要不要準時，是態度、是規則，而不是不合理。

40.「好用」的人正當紅

每一個人在組織中，都有明確的職位、明確的分工，這是組織的基本原理。但絕不代表每一個人只能做一件事、只要做一件事，當必要的時候，工作上的彈性調度是難免的，願意配合組織，彈性調整，出任艱難的人，通常是組織積極培養的人才。

一位從國外留學回來的主管，拒絕了我交付的一項臨時性工作，理由是這件事與她的職位及工作無關。我不能勉強她，也不能說她錯，因為確實與她的分內工作無關，但從此我對她的印象大打折扣。

理由很簡單，她在公司內是個不「好用」的人。雖然她在本分的工作內稱職負責，可是當公司有變動、有急用時，她僵硬的態度，畫地自限的自外於公司的需要，自然無法與公司同舟共濟。

日本知名財經雜誌《President》，就曾提出這個「好用」的觀念。在二十一世紀的新經濟時代，企業內當紅的專業經理人的一項特質就是「好用」，「好用」的人態度開放、不自我設限、專長多樣、學習力強、可塑性高、願意挑戰新事物，也願意以公司的需要為己任，而不是只自滿於自我的期待。

「好用」的人在企業內的團隊作業尤其重要。當企業不斷追逐降低成本、提高效率並進行大規模的委外服務時，企業內的團隊成員減少，每一個人都是核心工作人力，因而多職能、多專長的人，就會是企業內受歡迎的當紅人才。相較於只有一項專長的工作者，如果你不是該項專長的最佳人選，很容易就會在組織重整中被犧牲、裁員。

在運動場上，「好用」的觀念十分常見——能鋒能衛的籃球員可能是最佳第六人，能守內野也能守外野的棒球選手，絕對是教練在組隊時的重要考量。因為，這種好用的人選，在調度上是具有高度彈性的活棋，讓教練能有更大的空間補強核心的特殊專才。

專長的多樣，只是「好用」的條件之一，更重要的是態度。前面所說的例子，並不是這位主管的能力不足，而是她的態度不對。

「團隊優先」的態度，是新經濟考驗下的工作者必備的條件。九〇年代，講究「人性管理」、尊重個人的結果，產生了許多的後遺症，工作者的自我意識高漲，凡事講求「我喜不喜歡」、「我願不願意」，至於組織及團隊的需要是你家的事，這絕對與「好用」的原則違背，也是在企業不斷的組織重整中，優先會被淘汰的人。

想在不景氣中存活，請讓自己成為「好用」的人。

後記：

這篇文章在網路上引起極大的討論，在不斷轉寄的過程中，附加了許多回應文章，許多人批評我的論點，當然也有人認同。

我始終沒有回應解釋，原因是組織的選才邏輯與個人的工作態度，不見得相同；個人不願成為好用的人，是個人的選擇，我們無從置喙，而我的看法充其量也只是「一種意見」，僅供參考罷了！

◎佚名人士觀點

基本上這是公司經營者的問題（指上文第一段女主管拒絕總經理臨時交辦業務一事），他在工作上安排一個專業人員，卻要求她執行一些與她的專業及工作內容完全不同的工作。這不但違背了當初這位經營者請這位主管來上班的主要用意，也充分顯示出這位經營者不懂得用人之道。當這位主管合理的拒絕該項工作時，事實上是希望經營者回去思考工作派任的適切性，及反省公司組織的潛在性問題。

這裡所提到的「好用」應該是員工的自我期許，每個人都應該努力的增加自己的能力，包括專業知識的增進，多樣化的專長等等。但別忘記所學除了滿足自己外，能在適當的職位上有所表現才有價值。

當一個經營者，除了瞭解專業技術外，還需要知道如何規劃整合相關技術及人力，有時還得面對客户及廠商，並且對財務規畫、業務規畫、公司未來規畫有一定的能力，同時他在人力資源的任何安排都將對公司造成決定性的影響。

其實在企業中第一個會被裁員的就是「好用」的人，當一個人有多樣專長時，就表示每一樣專長你並不專精，就算你很行也沒有時間讓你把每一件事情都處理得很好，所以一旦當你的主管發現你「好用」而且開始用時，你就會漸漸掉入事情做不完的陷阱裡，所以你開始無法在主管交代的時間內完成事情，試問此時你的主管還會喜歡你，給你更多的機會嗎？

所以在自己分內的工作中努力成為一個「好用」的人才是重要的，並要適時的檢討工作的質與量。勇於說「不」，對於不合理的要求應該要勇於拒絕，且不接受不屬於自己的工作本來就是應當的，並沒有什麼不對。與其要求員工完全的配合，這位主管為何在分配工作時不能冷靜的思考一下該如何分配工作，問題不就迎刃而解。所以做主管的人不要把自己的責任轉嫁給員工，還大言不慚的批評員工的不是。

拿不景氣來威脅員工，真不知公司無法獲利的最大責任在經營者，一個無知的經營者會毀的不只是自己的公司，還會拖累所有員工的家庭。而往往最沒事的卻是資本家，反正投資的風險原本就在預期之中，他總是會在公司還有殘餘價值時退出，搞不好還小賺一筆。所以在諸位準備努力成為一個「好用」的員工前，仔細想想吧！

要在不景氣中存活，請成為一個「有用」的人，而不是「好用」的人。

（編按：希望此文的作者能與商周出版聯絡，以便當面致謝與致酬。）

41. 做大生意打小算盤

做每一件事，都需要精準的判斷，不論是殺雞用牛刀，還是殺牛用雞刀，都是好笑的事。只不過職場中充滿了這兩種錯誤的現象，如何跳脱錯誤，值得仔細推敲。

有一個利潤中心部門的主管，在執行一個新計畫時，申請了一筆龐大的預算。被我打了回票，他頗不以為然，不斷的為自己的行為辯解：一、這個計畫，難度高、風險大，因此沒有充裕的預算莫辦。二、較諸同業最類似的事業時，同業的手筆更大，預算更多。三、公司做新事業要有決心，如果不編列足夠預算，代表公司沒決心，公司沒決心，如何讓同仁們下決心放手一搏。

他的說法，似乎完全無懈可擊，每個單一論點都是正確的，但問題在於這個新計畫規模太小，期望值太低！他放大了計畫難度，卻沒考慮到這其實只是個小生意，而小生意是不可能打大算盤、用大投資，慢慢準備、慢慢培養、慢慢調整、慢慢回收！

另一個主管正好相反，被賦予一個策略任務，執行一項新計畫。但他小心謹慎、仔細規劃、慢慢盤算，以至於在投標過程中，錯失良機，最後以極小金額的第二高標落選，整個計畫泡湯，公司的策略不得不調整。

這是另一個完全相反的案例，謹慎沒錯！錯在沒能理解這是公司關鍵的策略作為，在精打細算之後，應該知道此計畫其實有勢在必得的壓力，因而在精算的價格之外，應該用「想像力」出一個絕對有把握的價格！這是「做大生意，打小算盤」。

不論是「做小生意，打大算盤」或是「做大生意，打小算盤」，都是犯了策略思考的錯誤，用了不對的規格，用了不對的思考，當策略思考錯誤時，不論流程、方法、計算有多麼正確，最後都會錯誤。

做小生意，講究「快、狠、準」，機會稍縱即逝，由於規模小，變動大，就只能以快制快，以小搏大。沒有辦法用大生意緩緩而來，長期投資，慢慢調整的方式。做小生意就能打「小」算盤、打「精」算盤、打「快」算盤，就是不能打「慢」算盤、打「大」算盤。

至於策略性生意，需要較大投資的生意，當然精打細算絕對不能免，縝密的規畫更不能少，小心謹慎的態度更是必然。因為事關重大，因為牽涉公司的策略作為，更影響公司的長期成敗。這個時候，「小算盤」的精打細算之外，更應該宏觀思考，用想像力從大局著眼，而不是斤斤計較於短期盈虧，不是著眼於一時投入的多寡，以免錯失投入時機，從此萬劫不復。

做為專業經理人，小心謹慎、精打細算，絕對是永遠正確的態度。但是如果只有打「小算盤」的謹慎，永遠無法成為獨當一面的高階經理人，因為缺乏策略思考。反之，面對小生意、面對快速變動的機會，如果不能發揮「擺地攤」小販的機動、應變、快速搶錢的態度，一味要求公司要擺開陣仗、仔細規劃、充分投資、慢慢回收，這也絕對不能成就一個傑出的專業經理人。

後記：

在組織中，不論是打錯大算盤，還是打錯小算盤，都是常見的現象，但劇情和動機完全不一樣。

做大生意打小算盤，通常是格局不足、開創性不足，或者說就是能力不足，所以才不敢放手去做，這時候公司損失的是機會、是少賺錢。

做小生意打大算盤，通常是工作者不負責任的表現，這種人寧可多要些資源，反正虧公司的，個人安全至上，這種狀況公司損失的是金錢、是淨虧損。我最不齒這種人。

42. 如何成為學習型人才

不論能力多強，終有窮盡不足之處，要能應付各種環境變化，唯一的方法，就是與時俱進，隨時充電、隨時改變，成為一個「學習型人才」。

在中國大陸，我遭遇到全新的用人經驗，一個主管是國企中級主管出身，他的經驗是和諧至上，我用他來管理整個團隊，遇到任何衝突時，他也是不得罪任何人，「有理扁擔三，無理三扁擔」，結果組織變成是非不明、事理不分，一切事務都等待時間解決。為了解決這個現象，我從大陸的外企挖來一個主管，他明快果決，一切問題簡化為預算、執行、追蹤、考核、檢討，這當然是很合乎現代企業經營邏輯。問題是現有的組織根本缺乏制度，人才也不足，他需要有「穿著衣服改衣服」的應變與柔軟度，也需要一點一滴組建團隊，建立制度。

這兩個人都是我需要的人，但也各有缺失，都需要徹底調整。問題來了，他們的學習調整都非常慢，過去的經驗，單一且根深蒂固，環境一變，都陷入不適應的困難中。

這讓我想起組織的學習與人才的學習。在大陸以外的社會，社會多元、價值多元、組織多元，變動是常態，適應與調整是每一個人當然必備的能力。大多數人都能成為一個「學習型的人才」，不僵固於一套經驗與想法，面對新環境，會學習新經驗、新方法，產生新能力，最終會與組織融為一體，甚至會使組織慢慢改變、轉化成更有效率的組織。

這是一個好的人才與組織的正常關係。尤其是主管人才更是如此，從「和稀泥」開始，這是認同、理解與適應；接著是學習新方法與採取新對策。因為你過去的經驗，未必適用於新環境，甚至新環境所需要的能力，也可能不是你已經熟悉或已經擁有，學習與轉化是人與組織最重要的互動。當然最後階段是主管改變了組織，當主管與組織融為一體之後，主管可以訂定新制度、設立新規畫，從而改變組織、產生新文化。

這其中的關鍵就是「學習型人才」，一個人是否是「學習型人才」決定這個人的成敗、決定這個人的成長高度，決定這個人的一切。

學習型的人才來自兩個關鍵：一是態度、二是方法。態度又是其中的關鍵，態度決定了你是不是學習型人才。而方法只不過影響到學習與改變成長的速度。

態度又包括了許多事：一、多元的價值觀；二、對新鮮事物的好奇；三、面對挑戰的喜悅。

多元的價值觀是一個人相信社會中有不同的面向、不同的事理、條條大路通羅馬，而不是只有一種真理。尤其是組織與管理，並無絕對真理，只要好用、有效率就是硬道理，沒有絕對的對錯，找到有效的方法就是對的。大陸的人才，比較起來是相對單一與一元化思考。

對新事物的好奇，則決定一個人面對變動的彈性。大多數人對好的變動有所期待，對壞的變動厭惡；問題是一切事物都會變好，也會變動，人只能應變。最好的態度是對變動有所期待、對新事物好奇、對一成不變討厭。這個態度會讓人迎向未來、探索新事物、產生新能力。

面對挑戰的喜悅則是每一個人跨越成長障礙的關鍵。人是在挑戰自我的極限成功之後，產生大幅成長；每一次挑戰，都代表未來格局與成就高度的升級。

如果你有以上三項，你就是一個「學習型人才」，你會喜歡改變，你會尋找新方法，你會快樂的迎向新挑戰。至於學習方法，會在每一次改變與學習中，逐漸加速、逐漸熟練，完全不需要擔心。態度決定了你是不是一個「學習型人才」，也決定了你的一切！

後記：

小朋友經常告訴我，能力被搾乾了，要暫時停職，回學校充電一下。面對這種說法，我不完全認同，因為學習是anytime，anywhere，無時無刻不分地點都可學習，當然回到學校空間，學習某一種特殊知識技能只是一種選擇而已！

一個真正的學習型人才，學習的空間無限大，興趣也無限大，當然也不受年齡限制，不斷自我改變、自我突破，豈止限於學校？

43. 對專業絕對忠誠

說到工作，只有兩種形式：專業與業餘。業餘的人，七手八腳；專業的人，絲絲入扣，訓練有素。在現代社會，要成功存活，追逐專業、擁有專業、謹守專業、對專業忠誠，是不二法門。

跟我工作過的一個小朋友，後來到一家外商公司做事，負責公司的財務。對忠誠的要求極高。有一次他的主管交代他去做一件「從權」的事。事情並不符合公司的內控規範，但嚴格說來，也未必絕對違法。這個小朋友琢磨了半天，要不要拒絕老闆的要求，但最後還是決定照辦了，原因是為了不要給老闆難堪，而事情本身也是一件小事。以台灣人的觀點，給老闆方便，也算是好事一樁。

誰知道這是這家外商內部考核的過程，要考驗員工是否一切遵照標準作業流程辦事，也要考核員工的專業與忠誠。不幸這位小朋友沒能通過，在公司裡從此被打入冷宮，最後不得不離職。

聽完這個故事，我心中無限感慨。相同的劇情，我估計有百分之八十的台灣工作者可能無法通過，原因是台灣人太注重人情，太缺乏法治，不講究專業，以至於是非不分、事理不明，太多的濫好人，太少的專業尊重。

另一個故事是，有一家家庭式的連鎖商店，在過年期間，有人拿了總公司主管名片，到其中一家分店，說是過年期間，情況特殊，要求店長交出現金，由他帶回總公司。分店店長不疑有他，竟然就同意讓他把現金帶走了，結果當然是個騙局。

聽起來有點好笑，這樣的騙術也能成功，憑一張名片，就能讓人交出現金。我不知道多少台灣的公司面對同樣的狀況，能夠全身而退？如果公司內有專業要求，工作者有專業訓練，而且對專業忠誠，用專業辦事，這個騙術是不會成功的；問題是台灣工作者的專業訓練夠嗎？工作者對專業的忠誠有嗎？還是講人情重於尊重體制、尊重專業？

台灣還是一個人治的社會，雖然在企業經營上，我們已經不斷的強調系統，建立制度，建立規範，落實流程控管。但是每個人內心對專業、對制度的尊重是不夠的，尤其是面對同事、面對熟人，我們還是儘管給人方便，不在乎這是傷害制度、放棄自己的專業，甚至認為這是一種美德。

太講究人際關係是中國人的特色，強調人與人的相處、互動，講情理、不講法治。這是為什麼我懷疑百分之八十的工作者，通不過外商的忠誠考驗的原因。

追本溯源，工作者要具備的是專業，專業的工作方法、專業的工作態度、專業的工作倫理、專業的工作判斷。在專業面前，不會因為是老闆而給予方便，不會因為是同事，而放棄堅持。更不會聽老闆的風向、看老闆的眼色。更不會有「為五斗米折腰」，這種似是而非的言論。因為只要你不是對專業忠誠、對制度忠誠，你會丟掉工作，你汙衊了工作倫理，台灣工作者的專業主義絕對需要徹底再教育。

後記：

❶有人問我，到底專業是什麼？

我嘗試回答：對所做的事，以追根究柢的精神，仔細研究，並拆解成標準化的步驟與流程，再經過不斷的反覆練習，形成反射神經記憶，務期做到每一次執行都得到一致的成果。

簡言之，就是最佳化、標準化、熟練化以及成果一致化。這指的是具體的工作流程與方法。除此之外，專業也有心靈層面，那就是專業精神與專業倫理。

❷中國人說：「為五斗米折腰」，指的是犧牲自己的原則。但如果是為五斗米放棄專業的堅持，風險就很大。尤其是財務人員，如果配合老闆做帳，可能換來牢獄之災。至於其他的職位，風險雖然沒有財務人員大，但也有專業倫理，那要堅持的是一個人的原則、道德與風骨。

44. 你有解決問題的能力嗎？

誰是組織中最需要的人才？做大家都能做的事，還是解決最困難的事？真正的人才，不論工作多難、多苦、多複雜、多危險，都能勇敢挺身而出，而且也有能力完成解決！

如果有人問你：你有解決問題的能力嗎？相信沒有人會回答：沒有。我當然有解決問題的能力，否則我怎能在職場上工作？這是每一個人共同的答案。可是我的答案稍有不同，每個人都有解決問題的能力，但真正處境艱難、造次顛沛之際，就不見得每一個人都有這種能力了。

根據我的經驗，一個真正具有解決問題能力的人，不論你把什麼事交給他，他大部分時候都能把事情辦成，不論這些事情有多困難！

而這些困難的事，又可以分為幾個不同狀況：一、看起來瘋狂，或者在大多數人的眼中，這根本是不可能的任務。二、一般的任務，但要求的標準超高，超乎一般的平均水準很多。三、沒有足夠的權力，其他單位又不配合下，又要完成需要其他單位配合才能完成的事。四、沒有前例可循，全新的任務。五、難度不高，但工作繁雜、分量極大、無趣又艱苦的工作。以上這幾項如果你都能處理，才是真正有解決問題能力的人。

第一種狀況是夢想家的能力，有想像力、不怕事、不自我設限，遇到不可能的任務，就當做是挑戰，全力以赴，瀟灑走一回。還是有相當的比例能完成，就算不能完成，自己在過程中，也得到全新的經驗。

第二種狀況，是自我要求很高的人的能力。雖然一般人的水準做不到，但「We are the best」，所以我們做得到。這種人絕對不會告訴你，別的單位如何，別人只能做到什麼程度，因此長官你的要求不合理。

第三種狀況，是辦公室最常見的狀況，你的任務需要許多單位配合，但他們又忙於原有工作，或本位主義很高，不願配合。處理這種狀況需溝通協調的手腕再加上毅力，想盡各種方法，在沒有上層權力支持下完成、解決。遇到這種狀況，大多數人會兩手一攤，我又不能命令別人，別人不配合，我當然無法完成，再不然就求助長官，要長官下命令。問題是，長官就是因為有困難，才會讓你處在左右為難的情境，他指望的就是你能用「智慧」解決，用權力是無法解決的。

第四種狀況是沒路找到路的能力，這種人常具有冒險精神、勇於嘗試，對新鮮事物具有探索及找到方法的能力。

第五種狀況，也是組織常見的情形，通常是苦力型工作，多數人不願做，因此日積月累，最後變成辦公室的死角，是人人避之唯恐不及的事。處理這種事，用的是決心、毅力、耐性與務實，這是「阿信」的能力。

有這五種能力，才是真正有解決問題能力的人。問題是大多數人不是這種人，是常人，而能解決問題的人是稀有動物。辦公室多的是有知識、懂道理，但只會動嘴巴，發言盈庭，但不能解決問題的人。想一想，你是哪一種人？

後記：

我常問同事：你認為自己是傑出的人才嗎？

不論他回答是或不是，我都會告訴他，你一定要是傑出的人才，我們公司不要二等工作者。

老實說：能力可以慢慢培養，但態度上自我期待一定要高，「We are the best!」有心就能成就一流人才。

45. 突破自己的能力極限

沒有人天生英明神武，也沒有人生來就聰明絕頂，所有的能力都是一點一滴慢慢培養。關鍵在於每一個人是否有計畫的一步一步自我訓練、自我突破、自我調整。

出版是一件有趣的事，經常都會遇見全新的工作經驗，而每一次新經驗，都代表自己在挑戰未知，測試自己的能力極限。

新書的投標就是典型的自我挑戰過程。記得剛開始時，我只敢、也只能用最低的預付金出價，因為我的出版能力不足，不敢出高價搶標。但隨著經驗的增加，我的投標金也水漲船高，從一、二千美元，到三、五千美元，到一萬美元。記得我第一次投標超過一萬美元之時，我十分興奮，我告訴自己，這本書絕對不能做輸，我要證明我有做萬元美元大書的能力。

接著，我又從一萬美元，到三、五萬美元，到十萬美元，現在我最高的經驗是近二十萬美元。一本書要付到二十萬美元的權利金，這代表這本書如果沒有賣到六萬本以上，我就要賠錢，而以台灣這麼小的市場，二十萬美元的預付版稅，這絕對是天價。

當然經過這些歷練，三、五萬美元對我變成「家常小菜」，輕鬆愉快！我知道人的成長與學習，是在不斷自我挑戰、自我突破中，能力的極限不斷擴大，視野、企圖也不斷延伸。

我也要求自己的團隊，複製我的經驗。我要求他們也要不斷擴張他們的能力極限。但並不順利。遇到大書，要拉高投標金，要擴大工作規格，他們願意出的投標金額，總比我的想像差很多。我知道，他們信心不足，自我挑戰的企圖不夠。

我不願揠苗助長，我讓他們按他們的想像出價，但經常失之交臂，對手們的氣派、想像力總比我們豐富。拿不到大書，這是我讓團隊自由成長的代價。

我曾經嘗試，要求某些高級主管，每年至少要買一本預付五萬美元的大書。可是他們面有難色，問我：「何先生，你要我故意拉高預付，達到你的標準，卻讓公司損失吧！」我無言以對。

46. 該低頭時就低頭

古老的話語，告訴我們做人處世要「外圓內方」，現代的話語是「柔軟度」，面對各種環境的變化，如何因時因地制宜，採取最合適的手段，不堅持己見，不堅持面子，一切以大局為重，姿態柔軟，才能得道多助。

我永遠忘不了二十幾年前的那一幕：在經濟部的一個小科長辦公室，那時我還是記者，正在和這位科長聊某一個新聞，從外面闖進來一位西裝筆挺的人，老遠就朝這位科長立正敬禮，嘴上說著「科長好！」耳裡還傳來他雙腳併攏立正時，皮鞋互撞的響聲，顯然那是極標準的立正禮。

我幾乎不敢相信我的眼睛，這個人正是當年叱吒風雲的黃豆飼料大王，我印象中都是他意氣風發、不可一世的樣子。但那一天卻恭恭敬敬的來向小科長報告事情。事後我知道，他的生意遇到困難，需要這位科長幫忙。他用最謙卑的姿態，表示最大的敬意。他的柔軟度，讓我這個旁觀者嚇了一大跳。

我也還記得另一幕：張忠謀剛回國創辦台積電時，有一次採訪他，問了一些與採訪主題無關但敏感的問題，他十分生氣，站起來掉頭離開，我們一時不知如何是好。但沒幾分鐘後，他回來了，除了表示抱歉之外，當天幾乎知無不言、言無不盡，採訪十分順利。這是我見過的另一個大老闆的情緒管理與柔軟度。

一個主管向我抱怨，某一個客戶有多「機車」，是標準的「澳洲」客人。他告訴我的目的，是準備把這位客戶列為拒絕往來戶，希望我諒解。這個客戶我十分瞭解，也確實十分不講理、脾氣不佳。但是生意還算單純，其實你只要多講幾句好話，摸順了他的毛，生意並不難做。

我很清楚問題不在這個客戶，因為客戶有講理的嗎？你要做他的生意，當然要摸順人家的脾氣。問題在這個主管也是個槓子頭，十分「正直」，他認為他對，絕對不肯妥協，問題是大多數時候，他所堅持的事，並不是是非對錯的問題，只不過是他個人感覺不好。當然有時也會遇到別人真的有錯，他更暴跳如雷。

這樣的年輕人，我看得太多了，包括我自己在內，都曾經如此「正直不阿」，稜角分明，年輕時，我經常堅持自己的「道理」（其實是感覺），遇到不合己意的

47. 問題歸類解析之法：不是敵人，便是朋友——橄欖球思考法

任何事物如果數量眾多、差異甚大，就很難概括而言、一視同仁，這時就需要進一步分類，這篇是把負責事物分類的方法，再就這些次分類進行分析，並採取不同的對策，以做為快速對應的準則，我稱之為「橄欖球思考法」。

此一方法要先確立某一核心觀察角度，而不是漫無目的的類型劃分。世界各國如只按主權劃分：美、日、中、德……意義不大。要從分析的目的確定核心觀察角度，如經濟問題，可從經濟發展程度分成：開發國家、落後國家、開發中國家等。

此法運用極廣，是每個人都能學會的核心思考能力。

當我開始創業時，因為一無所有，所以任何機會我都要掌握，因此當時公司設

定的經營邏輯是，只要不是違法的生意我都可以考慮做，我研究所有的可能，工作領域無限寬廣。

後來我們成為上市公司的子公司，母公司只管我們三件事：財務、預算及法務，他們清查了我們所有對外的合約，並要求控管每一份合約，就連一些例行的、制式的、小的業務合約也不例外。剛開始我非常反感，後來我慢慢體會出其中的關鍵，因為只有法律上的問題會使公司一夕覆亡，所以上市公司對法律的要求極為嚴格。當然對這個邏輯，我也從不解到認同。

從此以後，我對所有的團隊宣布：從今以後，我們公司只有合法的生意才能做。

從只要不違法都可以做，到只有合法才能做，表面上像是文字遊戲，其實這其中代表了極大的轉變。我也從其中發展出一套「橄欖球思考法」的分析邏輯（如下頁圖）。

圖中的橄欖球圖形，分成五等份，左右兩端是兩極端，最中間的區域是中性的模糊地帶，而兩極近中間的兩區域，分別是與兩極具有類似性質的區塊，但其性質

後記：

❶將問題事物分類極為常見，此法再導入核心觀察角度，讓分析更具意義。

❷此法可預先練習，把工作與週遭的複雜事物先行分類，如朋友可用誠信分：絕對可信、絕對不可信與模糊不清；可用損益分：損友、益友、中性。如工作可用難易分，可用效益分，可用風險分……。

❸此法可概分為三類：正、反、中性，也可細分為五類：正、反、類（可能）正、類反及中性，由於形式似橄欖球，故名橄欖球思考法。

❹分完類型，更重要的是決定對策與態度，例如文中我公司的經營項目，從絕對違法不做，到絕對合法才做，這就是非常簡易、明確的策略思考。

48. 困境突破之法：自己要先走出路來

這是一篇寫給老闆及主管看的文章，強調在遭遇困境時，老闆不能指望別人、指望工作者，要自己率先走出路來，找出突圍的方法，才能帶領全公司走出困境。

可是這也通用在每一個人身上，任何人遭遇困境時，指望別人的協助無可厚非。但是，同時也要自己先做出改變、要撐住、要活著、要找出新方法，然後才能突圍，這是人人必備、必學的困境突破之法。

一個創業中的老闆，每天在生死邊緣掙扎，因緣際會找到我，希望我能給點建議，我不敢妄下診斷，只能就問題回答。

他說：由於本業要改善很困難，且非一蹴可及，所以他想做一點相關業務，搶點錢應急。由於此相關業務與其本業正相關，而且有延伸效益，我非常贊同，但接下來我就不能認同了，因為他的執行方法大錯特錯，完全不可行。

他告訴我，他要雇用兩個新人來執行此一專案，這樣才能專人專案全力工作。

我說：用兩個新人啟動專案，注定失敗，絕對不能在公司處境艱難時，做這麼沒把握的事。要做，只有一條路，就是老闆自己先跳進去，完成第一個專案，走出路來，證實可行，並認定工作方法，才由其他專人接手。

這位創業者回答：他現在已滿手工作，根本分不開身，不能再自己下手。我回答：如果這樣就放棄搶錢計畫，因為假手新人，不可能成功，只會浪費時間、浪費資源，讓他的事業加速衰亡。

我的邏輯很簡單：

一、處境艱難時，做任何事一定要成功才能出手，根本沒有任何犯錯的空間。尤其是「搶錢」的想法，更不能有絲毫閃失。

二、要啟動任何新業務，風險很高，又不能失手，那一定要由最熟悉、最有把握的人擔綱。這時老闆是不二人選，既不會產生新的人事成本，又最進入狀況，才能確保新事業成功率是最高。

三、用新人來擔任新業務開發，除非找到有經驗的老手，否則很難成功。但在公司處境艱難時，既出不起高薪，環境又差，絕不可能找到老手、好手，一旦用了無經驗的新人，可能連簡單的工作都做不好，怎能開創新事業呢？所以在這種情境下，增加新人，只會讓他們去當砲灰、平白犧牲，而公司也會增加成本，不可能發揮搶錢的效果。

這其實是簡單的策略思考，老闆永遠要認清自己的角色與任務，也要認清問題與工作的本質，否則隨便提出解決方案，絕對不可能得到好的結果。

老闆永遠是路徑探索者（**path finder**），老闆永遠是超級銷售員，老闆永遠是關鍵困難的解決者，老闆也永遠要自己「先」走出路來，然後帶領所有的團隊走出迷宮、走出困境。

這樣的思考，用在部門主管身上也絕對適用，承平時期，主管可以分工派職、調兵遣將，就算任用新人，逐步培訓，也是常見的狀況。但是在困難的時候、在陌生的環境、在重要的事務、在危險的工作上，主管都不能缺席。不只不能缺席，還要身先士卒，用經驗、用智慧、用全力投入，才能感動團隊，共同面對困難。

老闆或主管不需要萬能，不需要會做所有的事，但要有清楚的策略思考，關鍵事務、危險時刻，絕對不可指望員工能幫你完成，尤其新員工更加不可能，自己先走出路來，才是最正確的解決之道。

後記：

❶在海地大地震的災難中，一個人埋在瓦磚堆中十天之後，被救援人員救出來，那時他已瀕臨死亡，所有的人都認為這是奇蹟，但沒有救援人員敢居功，因為大家都知道，是這個人自己撐著不死，才等得到救援、才能活下來。

❷別人的救援都有高度的效率思考，如果救援者發覺我們根本求生無門，根本不值得協助，很少有人會願意浪費資源，所以一定要自己先做出改變，做出有可能突破困境的樣子，外援才會到來。

❸自己才有最大的力量，自己才是最關鍵的動力，公司是老闆的，老闆要自己走出路來，生涯是自己的，當然也要自己先行突破。

49. 劍及履及的學習之法：問題不過夜

每一個人每天都會有疑慮，但我們真的努力的尋找解答，並把疑惑徹底解決的機會不多，大多數的問題十年都還在那裡，如果我們有效的解決所有的疑惑，我們很快就變成大學問家了。

這篇文章是我學習的方法，我不喜歡讀書，也不喜歡一個人研究，所以我把問題都推給別人（老師），要別人立即、快速回答我，這就是問題不過堂（夜）之法。

企業內訓是我每週都要做的事，每一次上完課都有不同的感受。

最近我又在內部重講一次出版的成本分析的課，這一張試算表，我不知已經講過多少次，但複雜的邏輯架構，總是讓聽講者昏頭，我確定大多數人是無法一次聽懂的。課後，我問所有的人，有沒有問題。與過去爭先恐後的問問題不同，這次的學員出奇的安靜，我知道這不是好消息。

我說了我從小的學習經驗，希望改變他們的態度：

我是個不愛看書，而且不耐煩的人，我從小就把握上課的每一分鐘，希望用最短的時間一次學會。一次學會當然不太容易，因此問問題變成我的習慣，每當老師講解之後，我總是第一個問問題的人。

我把老師上課講解時，無法理解的部分，變成一個個的問題，不斷的發問，要老師再度解說一遍。而且我從不等待別人發問，因為別人的問題，可能我已聽懂，對我沒意義，我不斷的問，一直到我徹底瞭解為止。

通常的狀況，我都是被老師制止，因為我問了太多問題，老師會要我暫停，把問問題的機會留給別人，以免我一個人占用太多時間。

雖然我不得不停止，但下課後，我不會罷休，仍然繼續纏著老師，一定要把這一堂課的疑惑全部釐清為止。

這就是我獨門的學習法，「問題不過堂」，不留到下一堂課，也不把問題帶回家，我不喜歡回家再念書，因為回家就是遊玩的時間，我也不喜歡重複念同樣的書，因為同樣的書看兩次太無聊，很自然的，就養成了一次學會的習慣。而奧祕就是上課聚精會神，全力理解，而課後不斷問問題，務必弄清楚所有的疑惑。

這個當學生時「問題不過堂」的習慣，到了職場，轉化成「問題不過夜」。

在工作中，我會面臨各種挑戰，遇到任何新事物，遇到任何不懂的事，我也要一次弄懂。我的上司、我的工作夥伴、有經驗的前輩，都變成我的老師，今天遇到的問題，我期待今天就弄清楚，因為今天是我第一次遇到這個問題，不懂可以理解、可以解釋；但明天再遇到同樣的問題，就是第二次，第二次遇到還不懂，那可是丟臉的事。為了不丟臉，我養成了當下把事情學會，「問題不過夜」的習慣。

我告訴所有的學員，我為什麼要講課。因為我知道你們不懂，而只要我講過，就是希望大家聽懂，如果第一次聽不懂，這可以理解，所以大家可以發問，徹底弄清楚每一個環節。不懂而發問，這是很自然的事，沒什麼不好意思。但如果大家沒問題，就表示大家都懂了，以後不懂、不會，就要各自負責。

問問題是好事，表示有認真學；有認真學，才會有疑惑。疑惑能解答，才能真正學會。不要怕問錯問題，問錯問題，才能找出真正的問題，也才能徹底清除自己能力的障礙。

後記：

❶這篇文章有許多老師印給學生傳閱，我不知道效果如何，但只要有一個人改變，我相信他會受益無窮。

❷我覺得需要培養一個觀念：「問問題是好事」，不論問什麼樣的「蠢」問題，願意問問題的人都應該被鼓勵。因為大多數人為什麼不肯當下問問題，因為經常察覺到被質疑的眼光：這麼簡單的道理也不懂？所以老師、主管都有責任鼓勵大家問問題，這樣才有機會問題不過堂！

50. 萬無一失的事前準備之法：事先徹底「過」一遍

許多笨方法具有最大的效果，大多數的聰明人不屑、不肯用笨方法，所以經常在不可能犯錯的地方，犯下不可思議的愚昧大錯。

這是我從一個公司的小主管身上得到的啓發，方法一點也不特別，只不過是事前仔細預演一遍，但對已經自恃聰明的我，宛如晨鐘暮鼓，效用極大。

高鐵台中站是一個會迷路的地方，因為有過一次迷路的經驗，我對台中站特別緊張。

一家公司請我去他們的公司年度會議演講，地點在鹿港，他們約在高鐵台中站接我，接我的人精準的在指定地點接到我，然後熟練的開出高鐵站，再轉上快速道路，朝彰化鹿港前進。

我問他：「台中你很熟嗎？你常在高鐵台中站出入嗎？」

他回答：「我在台北工作，這是第一次來高鐵台中站接人。不過，我昨天就到鹿港了，我特別從鹿港開車到高鐵台中站，事先把路線走了一遍，以免今天接您時出狀況。不瞞您說，昨天我在高鐵台中站迷路了，試了好久，我才找到正確的路，所以今天就很順。」

他又說：對沒做過的事、不熟悉的事，他一定是事前仔細的「過」一遍，模擬實際的狀況，把每一個細節弄清楚，以免實際執行時發生任何意外。

他是個小心謹慎的人，他也是個注重細節的人，他更是一個成功的人。只是他的成功，是從一個上班族，經過學習，經過每一次的事前演練，然後才能確保每一次正式實行時的完美演出。事先徹底「過」一遍，是他重要的成功法則。

這也是我重要的工作法則，我期待每一個關鍵時刻都能有完美演出；我不能忍受開會時有人資料沒準備好，有人報告的內容文不對題……我也不能忍受執行任何專案時，事先沒想透，臨時遇到不可測的困難，兵困半途……；當然我更不能忍受一些小事：電腦插頭不對、隨身碟接不上、投影機故障……。

要避免這些「意外」發生，我的方法完全一樣：「事先徹底過一遍」，只要模擬做一次，只要一遍，只要事先，只要徹底，大概所有的「意外」都可以被管理，讓意外不要發生。

對重要的事，對我沒做過的事，對不熟練的事，對有外人在的事，對動員許多人一起做的事……，這些事都是要完美執行、一次OK的事，所以事前的模擬、練習要不斷做，一直到絕對有把握為止。

其實我很討厭「事先過一遍」的過程，因為自恃聰明、瀟灑的我，做這種事看來有些癡愚。但是長久下來，我發覺這個方法最有效，也最能確保成果，所以我寧可把自己變成「笨」人，每次乖乖的事前「過」一遍，這是「笨」人確保不犯錯的方法。

演講前，我會把所有內容「過」一遍；談判前，我會把所有的主題、變數，仔細「過」一遍，這包括話術及敵我攻防推演；開重要的會議前，我會加開會前會，要所有關建成員，就所提出的報告事先溝通、檢查，務期正式開會時一氣呵成、完美無瑕。啟動新生意前，我會要求非常完整的可行性分析與財務試算，這也是事前徹底「過」一遍。

過一遍是小心、是謹慎、是謙虛、是敬天畏人，也是精準執行的開始。

後記：

❶通常大事都沒事，只要是小事都會連續出很多事，理由簡單，凡事「豫則立，不豫則廢」。所以小事更需要在事前仔細「過」一遍，千萬不要因「小」而不為。

❷這篇文章是寫給聰明人及老練的人、熟練的人看的。

51.絕對競爭下的致勝之法：工作．多一點

所有的事情都是相對的，當大家的水準都普通時，有人稍好一些就可以勝出，當大家都很好時，有人很好也只是一般。現在台灣的企業競爭已進入白熱化，就算完美，也只是大家共同的水準，要克敵致勝非要有超完美的表現不可。

這篇文章的三個案例，就是超完美的案例，他們的方法都一樣，除了大家都做到的事之外，他們還會「多一點」創意、思考、誠意、作為，這就是現在絕對競爭情境下的致勝之法。

知名作家藤井樹談及他的第一本書，為什麼交給城邦集團出版，原因是城邦集團的編輯，在他的網頁上的留言，很完整、很有誠意。比較起別的出版社的出版邀約，都是制式說法，讓他感覺就像詐騙集團的留言，所以他只回了城邦集團編輯的電話，成就了他與城邦集團的長期合作。

我特別追蹤了這篇留言，發覺這是一封長信，編輯很完整的介紹了自己、介紹了公司，並表達了仰慕之意，也提出了很完整的出版構想，這封信足以讓藤井樹相信出版社的誠意，也表達了周延的合作想像。

一個部屬，在接受我的工作指令之後，就算工作還沒有完成，一定會在隔一段時間，主動向我回報工作進度，從來不需要我詢問追蹤，事情交給他辦，我就放心了。

一家知名的公司邀請我演講，議定了演講主題之後，這家公司的人資主管還安排與我見面，見面時準備了完整的公司簡介，詳述了公司的企業文化，說明了此次演講的緣起、主題，並描述了聽講者的個性、職位及可能需求，讓我可以進行準備。他的慎重，讓我感到壓力，我因而重新更改了演講內容，幾乎是為他們公司的特殊需要，重新客製了演講主題，這次演講出奇成功，雙方都很滿意。

這三個故事都說明了一件事：工作不是例行公事，不是照表操課完成就好，還要多一點思考、多一點細心、多一點不同的作為、多一點感人的誠意。這就是我的「工作・多一點」原則。

每一項工作，在職場上，都有不成文的工作流程或規範。工作者大多是按照這些相因成習的方法工作，但如果只是這樣，只會達到一般的工作品質，只會達成一般的工作成果，不會感動人，也不會給人留下特殊的印象。如果這個工作具有比較、具有競爭性，那相因成習的工作方法也不會得到青睞。

藤井樹的例子，就是「工作・多一點」的獎賞。寫一封信是爭取藤井樹出版的必要工作，當大家都照本宣科的寫封信，在藤井樹眼中，這種信像詐騙集團誘人上當的信，他不會有任何因應。可是當他接到用「工作・多一點」的原則，所寫的情詞懇切、計劃周延的留言時，他就動心了。

完成工作時，回報老闆是必要作為，但快速、即時、讓老闆完全掌握工作進度，是「工作・多一點」。邀約演講是工作，但進一步溝通、見面是「工作・多一點」，確保了工作完美執行。

「多一點」會用各種形式呈現：更細微的工作流程、更高的工作品質、更創新的工作方法、更精簡的工作時間、更低的投入成本……，只要多做一點，可以確保被服務者滿意，可以讓工作成果更豐碩，可以彰顯工作者自己的工作能力，這都是現在高競爭環境下的勝利方程式，只不過這是不起眼的「多一點」。

照表操課已不夠，遵循工作規範也不足，現在的工作者無時無刻都要想，如何「多一點」。

後記：

❶有讀者寫信給我，希望我提供第一則案例給藤井樹的留言，以做為「多一點誠意」的參考。我回答：留言已不可考，但重要的是自己如何「多做一些」、「多想一些」，只要從接受訊息者的角度多花點心思，絕對可以有不同的巧思，不應拘泥於別人的做法。

❷這是互相刺激、不斷進步的過程，有人想出新方法，大家很快就學會。為了突破，就還會有人再多想、多做一些，迫使大家再進步。「工作．多一點」的方法就是要提醒我們隨時要推陳出新。

Chapter 4

自慢的職場關係

假設自己就是老闆，
義無反顧、全力以赴、相信公司、認同老闆，
變成老闆的好夥伴，成為公司的核心團隊，
我撐起公司的半邊天，為什麼要怕老闆？

一身本事賣給帝王家，這是封建時代的想法，現在則是一身本事賣給公司、服務老闆。領公司薪水，聽老闆命令，大多數的工作者，伴君如伴虎，小心謹慎的面對公司、面對老闆。

很奇怪的，我從第一個工作開始，和公司之間就沒有任何隔閡，我全力以赴的工作，就好像公司是我的；我不覺得老闆、長官有多偉大，我認為他們只是一個工作夥伴，只是演的角色不一樣。因此，我不需要刻意承歡，也不需要看他們臉色，因為我和他們一樣，熱愛公司、全力工作，大家是平等的。

或許我是一個怪胎，並不是每一個工作者都和我一樣，但我確定我這一套邏輯、這一套做法是好的，因為我工作得有成就、被肯定，永遠是公司的主流派；工作得十分快樂，有自己的空間、有自己的想法，不需要看任何人的臉色，做自己想做的事，說自己相信的話，我、快樂做自己！

我的邏輯是什麼？假設自己就是老闆，義無反顧、全力以赴、相信公司、認同老闆，變成老闆的好夥伴，成為公司的核心團隊，我撐起公司的半邊天，為什麼要怕老闆？

52. 如果這是你的公司……

我絕不替我不喜歡的公司工作，一旦公司的文化、氛圍、理念不是我能認同的，我會掉頭就走，找一個我認同的組織去工作。

但只要我留下來，我一定保持良好的關係，絕不與公司為敵，甚至把公司視為我自己的公司，全力投入，這樣工作才會愉快，工作才會有成就感。

一個老朋友談起當年他的經驗：當時他擔任一家公司的業務經理，為了一個新產品上市，他提了數千萬元的行銷計畫，這是氣派恢宏的規畫。他的老闆看到計畫後，找他來面談，只問了兩句話：「如果這是你的公司，你會這樣做嗎？」他從來沒有想過這個問題，於是收回計畫，仔細研究，最後仍然沒有把握，於是放棄這個大計畫。

另一個故事是以推行僕人領導知名的美國西南航空，有一年西南航空的CEO賀伯・凱勒赫（Herb Kelleher）寄出一份備忘錄給員工，告訴員工當季公司的營運不佳，可能會賠錢，希望所有的員工，不論是機長、空服員及地勤人員，每天每個人都能省下五美元。賀伯在信後署名「愛你們的LUV（西南航空）」。

結果西南航空在那一季營運成本降低了百分之五點六，公司轉虧為盈。

這兩個故事都訴說了員工與公司關係的最高境界：把公司視為自己的公司，去呵護、去照顧、去奉獻。

或許以現在緊張的勞資關係來看，如此愛護公司，聽起來像笑話。問題是，你可以不愛公司，但如果公司營運不佳，發不出薪水，或者發不出好的工作獎金，對工作者有什麼好處？

我一貫的工作邏輯是，我絕不替我不喜歡的公司工作，一旦公司的文化、氛圍、理念不是我能認同的，我會掉頭就走，找一個我認同的組織去工作。但只要我留下來，我一定保持良好的關係，絕不與公司為敵，甚至把公司視為我自己的公司，全力投入，這樣工作才會愉快，工作才會有成就感。

這是為什麼當聽到第一個故事，我感同身受，不論我的職位是什麼，把公司視為自己的，做任何事，我會反覆思索，是不是正確的決定？是不是對公司有益處？是不是會為公司帶來傷害？

我無意要當老闆的一〇一忠狗，也並不是希望在組織中升官發財，只不過這樣的態度比較簡單，既然同樣是做事，就務期把事情做到最好，用最少的投入，得到最大的成果。而且這是我認同的，不是想得到長官關愛的眼神，不是想得到物質的獎賞，只是因為我想要做好，而做好就是公司最大的利益。當然要有這樣的認同，最簡單的方法，就是假設自己是老闆、公司是我的。

久而久之，這種態度讓我得到最大的回報，通常我會變成組織中的主流，得到最大的肯定與機會，而就算沒有回報，我也不會哀怨，因為我是心甘情願，一無所求。

不過，真正的好處並不是在打工時得到，而是事後在創業時，我發覺創業對我來說，沒有任何心情上的調適，沒有任何障礙，因為我早已用老闆的心情在工作，一切要為自己負責，創業一切順理成章。

假設自己是老闆，假設公司是自己的，是自信、自主、自立、成就自我的第一步。

後記：

這篇文章，讓我成為老闆的打手，我被認為是老闆的同路人，替老闆來洗員工的腦，讓員工心甘情願的替老闆打工。

我不想解釋，因為在我的一生中，大多數的時間，我都不是老闆，我是以經理人的身分執行業務，但我心中的確有創業的想望，因此我很習慣無怨無悔的為公司投入，就好像我是老闆一樣，這是我一廂情願的思考，也是我成為老闆前的自我模擬、自我學習過程。

53. 我確定公司不是我的……

要讓員工對公司有向心力、全心奉獻、把公司視為自己的，除了老闆要以身作則外，還要有許多條件配合才能做得到。這就是「與公司一起」的感覺。如果工作者感覺到公司的善意、老闆的關心，感覺到公司的成長與自己的努力息息相關時，他就會把自己當成是公司大家庭的一分子，處處以公司為念了。

一個知名的老闆碰到我，很客氣的告訴我：「何先生，你寫的那一篇〈假如公司是我的……〉真是太好了，我影印了許多張發給每一個員工看。」聽了這句話，我一身冷汗，不知怎麼回答他。

有位讀者寫了封e-mail給我，標題是「我確定公司不是我的」。這位讀者告訴我：我很想替公司好好做事，但公司從來不愛護我們，主管常做一些很笨的事，讓我們心灰意冷，請問我們如何「假設公司是我的」，為公司努力做事呢？

任何一個組織，都是互動的生態，老闆仁慈，則員工善良；老闆節儉，則員工節省；老闆貪婪，則員工貪污。君子之德，風；小人之德，草，風吹則草偃，老闆的一舉一動影響整個組織的風氣，如果員工不從組織的最大利益著想，做了傷害公司利益的事，大部分原因很可能是老闆的問題，真正該檢討的是老闆。

台灣首富郭台銘，節儉成習，他的辦公室就像舊工廠的廠長房間，原因無他，他知道如果他奢華，整個組織會跟著奢華，代工生意微薄的毛利根本無法負擔，所以貴為首富，上班的環境，儉樸到不行。

這只是一個例子，員工是老闆的鏡子，鏡中的員工，其實是老闆的寫照，如果你期待員工處處以公司利益為念，就好像公司是自己的，那首先要問的是，老闆你做了什麼，是不是你也這樣做？

要讓員工全力貢獻，把公司視為自己的，老闆以身作則只是開始，還要有許多條件配合才做得到，其中最重要的是「與公司一起」的感覺，如果工作者感覺到公司的善意、感覺到老闆的關心，感覺到公司的成長與自己的努力息息相關，感覺到自己是公司大家庭的一分子，他當然會處處以公司為念，為公司做所有該做的事。

問題是這種感覺，很少公司做得到，因為只有成員在三十人以下的小公司，才有可能塑造這樣的情境，公司小、成員少，雞犬相聞，老闆的好人人看得見、摸得著；公司的好，人人感受得到，人人也會因而得到好處。小公司只要老闆「春風化雨」，「We are family」的情境就顯現了，我當然能假設公司是自己的。

超過三十人以上的公司，要塑造「假如公司是我的」的情境，還要有其他的外在配合才可以，第一是回饋機制的制定，第二是明確的績效評估與追蹤考核。

大公司的員工，每個人都只是螺絲釘，大家都只是討口飯吃，沒有人會笨到把公司當自己的來想。全力投入的要件通常來自明確的回饋機制，如果努力會得到獎賞，自然會激發員工投入，這是最基本的激勵原理。

這是淺顯的道理，但許多公司的回饋機制太模糊、太虛無縹緲，例如：以公司最終的財務指標做回饋標準，通常工作者感受不到公司的誠意，因為「個人的努力」與「公司的營運成果」之間的連結太不明確，因此回饋機制的設計，只能連結「單位的績效」，這樣員工的投入才會具體。員工才有機會感受「我的投入」→「單位的績效」→「我的回饋可能」，工作態度才會改變。

至於明確的績效評估與追蹤考核，是讓全體工作者無所遁形，形成組織公評的壓力，也連結明確的獎懲制度。這是超過三十人以上的公司不能或缺的設計。

不過，不論如何，我還是要說：如果老闆期待員工能「假設公司是自己的」，這是不現實的，不論老闆做了什麼事，某些關鍵時候，個人與組織的矛盾永遠存在。「假設公司是我的」只適合工作者自我要求、自我期許，要「善盡善良管理人之責任」，要「受人之託，忠人之事」，老闆講這樣的話，只會讓人覺得角色錯亂。

後記：

只有笨老闆才會要求員工以公司為重，假設公司是自己的。因為這種情境是員工體會到公司的善意之後，自動形成的想法，只能自然形成，無法訓練，也不宜要求。

這好像人與人相愛，你如果夠好，另一半就會愛你；主動要求別人愛你是做不到的。

54. 相信公司、認同老闆，否則……

老闆創造了公司，訂定了遊戲規則，所有的工作者要在那裡工作，那就依循老闆的規則，抱怨是沒有用的，什麼都不會改變，相信公司、認同老闆的邏輯，是工作者唯一能做的事，否則你每天都會活在痛苦及挫折中。

我的媒體生涯，從一家非常大的公司開始。這個老闆是個傑出報人，因為老闆傑出，公司就充滿了人治色彩。如果老闆欣賞你，你會獲得完全不一樣的待遇。但也因為如此，整個公司的工作者都在期待老闆關愛的眼神，而一旦期待落空，難免就抱怨四起，許多人認為公司缺乏制度，不夠透明公平，公司裡隨時都充滿了哀怨的人。

那時的我，身處基層，輪不到老闆的關愛，也就沒有抱怨。但更重要的原因是，我在那裡工作，要的是空間和舞台，讓我學習歷練經營媒體所有的本事，我完全不在乎老闆欣不欣賞我，當然也就不會有抱怨。

可是在那一段時間，我也認知到一個事實：老闆創造了公司，訂定了遊戲規則（人治也是一種規則），所有的工作者要在那裡工作，那就依循老闆的規則，抱怨是沒有用的，什麼都不會改變，相信公司、認同老闆的邏輯，是工作者唯一能做的事，否則你每天都會活在痛苦及挫折中。

當然，你也可以選擇離開，尋找另一個你喜歡的公司，你認同的體制與和你邏輯一致的老闆。我最後也就離開了，走上創業之路。但我也永遠學會了相信公司、認同老闆的工作認知，這是工作者在位一天，就做一天和尚敲一天鐘的工作態度，絕對不要與公司作對，不要與老闆為敵。

可是在我創業之後，當老闆的日子，我發覺擁有這樣工作態度的人，真是鳳毛麟角。大多數的工作者，從來沒有停止抱怨、批評。剛開始，我痛苦不堪，這一切都是我的錯，都是公司的錯，員工抱怨有理。組織應該調整腳步，留住每一個工作者。

但結果我失敗了，因為我發覺公司是一樣米養百樣人，我努力改變的結果是

「順了姑意、逆了嫂意」，我不可能讓每一個工作者都滿意的。

最後，我決定用自己的邏輯，訂自己的規則，然後吸引一群和我想法一致的人，組成我們的核心團隊，這或許就是「組織文化」吧。至於那些想法和「組織文化」不一致的人，我只能祝福他們，任由他們尋找自己的桃花源。老實說，我從來不敢說他們是錯的，因為他們只是和我的意見不一樣，而我很可能是錯的。如果我是錯的，時間會讓我的公司衰亡，而他們離開我當然就是正確的抉擇。

我相信每一個公司、每一個組織，擁有一套不一樣的邏輯與環境，如果這個組織的邏輯是對的，這個公司就會欣欣向榮，而所有的工作者有權選擇你喜歡的組織，有權決定你自己的去留。但是只要你選擇留下，就請你相信公司、認同老闆，不要與公司站在敵對的態度。這並不是對公司不能有意見，其實所有的人都分得出「善意的意見」與「惡意的批判」，每個人的態度決定了一切！

如果我不相信公司、不認同老闆，我會揮揮衣袖離開，讓時間證明我的選擇對不對，連抱怨都嫌多餘！

後記：

人一生的成就，是個人的成長，再加上組織的成長。離開公司，個人的成長有限，因此我期待我所有的投入都能轉化為組織的成長，我和公司、組織是一體的，我不希望我與公司之間有矛盾、有衝突，所以我採取了認同公司、相信老闆的策略，那種一家人的感覺很好，也讓我得到最大的成就。

55. 擁有公司的感覺

第一個層次是老闆，如何建立一個公開、透明及回饋的組織，讓員工能感受「擁有公司的感覺」；進而願意積極投入，全力以赴。

第二個層次是工作者，不論老闆提供的是什麼樣的環境，都應該主動積極的以公司為重，自認為是老闆，全力以赴。這個話題不該陷入「雞生蛋、蛋生雞」的辯論，如果從工作者生涯發展的角度來看，「擁有公司的感覺」與「自以為是老闆」，恐怕是最正確，對個人最有利的工作態度。

全世界石油業表現最好的公司——英國石油總裁布洛恩（John Browne），在接受《哈佛商業評論》（*Harvard Business Review*）訪問時，談到英國石油員工及組織的一項特質：員工具有「擁有這家公司的感覺」，因此員工的動機強，知道自己該做什麼。（《全球化競爭優勢》，商周出版）

這句話令人驚豔，可謂成功企業的最高境界。試想：老闆當然願為公司無怨無悔付出，可是若全公司都像老闆一樣，全力投入，無怨無悔，這公司會有多可怕？力量會有多大？這個境界又如何做到？

其實這可分兩方面探討：第一個層次是老闆，如何建立一個公開、透明及回饋的組織，讓員工能感受「擁有公司的感覺」；進而願意積極投入，全力以赴。第二個層次是工作者，不論老闆提供的是什麼樣的環境，都應該主動積極的以公司為重，自認為是老闆，全力以赴。這個話題不該陷入「雞生蛋、蛋生雞」的辯論，如果從工作者生涯發展的角度來看，「擁有公司的感覺」與「自以為是老闆」，恐怕是最正確，對個人最有利的工作態度。

不論公司組織是否完善、老闆是否英明與善良，工作者的命運都與公司息息相關，任何公司都是績效良好者升官、加薪，因此被動的以邊緣工作者自期，等因奉此，結果肯定在組織中邊緣化，淪為不被重視、沒有生產力的一群。公司業務正常時，勉強成為聊備一格，可有可無的工作者；一旦公司有任何風吹草動，當然優先被資遣。

因此不論公司是否體恤員工，願意和工作者分享成果，工作者都應該積極的加入「主流工作團隊」，用老闆的心情工作、用老闆的態度解決困難、創造績效，這種「擁有公司的感覺」是工作者最正確的態度。

或許有人會說：用擁有公司的感覺努力工作，最後還不是老闆賺到，他也不會分給我們。這可能是事實，但是積極投入工作的另一個好處是工作者會學到經驗、學到能力，視野廣闊，歷練豐富，這些是邊緣工作者永遠都得不到的東西。我們也可以相信，只要自己的能力增強，未來的生涯是無可限量的。

身為工作者，消極、被動的態度，只會讓自己邊緣化、無能化、懶散化。不如積極的「擁有公司的感覺」，想像自己是個老闆吧！

後記：

在我沒有創業之前，我幻想自己擁有公司，我全心全意投入工作，一點都不留力，理由很簡單，我在學習如何做老闆，學習用老闆的心情想事情，因為我有一天一定要當老闆。

或許有人會質疑，我又不想創業，學習當老闆要幹嘛？我說全力投入工作，還有另一個好處，那就是「拿別人的薪水，學自己的本事」，做越多，學越多，成就就是肯定！

56. 向上管理三訣竅

第一個訣竅是態度；態度指的是「用老闆、用組織的邏輯做事」，而不是用自己的想法、態度做事。

第二個訣竅是過程；每一項工作，總有清楚的部分也有模糊的地帶，清楚的部分你沒有困難，模糊卻是危機所在，可能不相干的事，會由模糊界面攬到你身上；也可能產生你完全無法預測與掌握的情境。

第三個訣竅是做法；「適時的主動出牌」，認清適合或你有興趣的工作，或者要主動提出不同的想法，測試老闆的態度，讓老闆知道你是有想法、想做事的人。

理論上，管理是上位者對下位者為遂行組織目的，所施行之作為；對平行者，謂之溝通、協調，對上位者，只能被動的接受指令。

這是一般的想法，但是組織成員如果被動的接受這種組織行為的宿命，在現在複雜多變、競爭激烈的組織中，顯然是不夠的，應該有更積極的做法，才能化被動為主動，工作得更愉快，更有效率，成果更佳。「向上管理」就是工作者必須具備和學會的技巧。

如何管理老闆，讓老闆用對你有利的規則來指揮你，這就是「向上管理」。要學會向上管理，又有態度、過程與做法三大訣竅，必須搞清楚。

第一個訣竅是態度；態度指的是「用老闆、用組織的邏輯做事」，而不是用自己的想法、態度做事。工作者最常犯的最大毛病，就是一廂情願的用自己的觀點、自己的想法、自己的邏輯做事；不幸的是個人的邏輯與觀點，往往與組織的邏輯不相對稱，結果是下場悲慘。

你最應該知道的是老闆在想什麼？老闆要往哪裡去？你也應該知道組織在想什麼？組織要往哪裡去？這是你在組織中被認同與重用的原因。老闆積極，你消極不得，老闆保守，你積極也沒有用。

老闆要業績，你就給業績，給不了業績，你就談可以讓業績成長的方法與可能。至少要畫出一個業績成長的時間表，否則你在老闆與組織眼中，永遠是個不長進的怪物。

第二個訣竅是過程；每一項工作，總有清楚的部分也有模糊的地帶，清楚的部分你沒有困難，模糊卻是危機所在，可能不相干的事，會由模糊界面攬到你身上；也可能產生你完全無法預測與掌握的情境。藉由溝通、案例，消除工作中的「麥克馬洪線」，讓你工作的疆界清楚，這是你管理老闆絕對必要的過程，千萬不要讓老闆心中對你工作有模糊、不清楚的認知。

向上管理的第三個訣竅是做法；「適時的主動出牌」，不要等老闆出牌。

例行的工作，是必要的罪惡，例行的工作再忙，不會累積你的績效，只有特殊的任務，會讓別人印象深刻，而老闆就是那個會不定時指派特殊任務的人。千萬要主動出招，認清適合或你有興趣的工作，或者要主動提出不同的想法，測試老闆的態度，讓老闆知道你是有想法、想做事的人。

如果只是被動的防守與接招，老闆的飛鏢不知道從哪裡射出來，十之八九都是會漏接的。

向上管理，是大多數的工作者不曾思考的空間，從今天起開始管理你的老闆吧！

後記：

老闆代表權威、代表尊敬、代表你要聽命辦事，這些都是傳統的觀念。但老闆也代表了他可以決定你的命運，如果他不英明，將帥無能，會累死三軍，因此不能任由老闆為所欲為，他做錯事，要規勸；他下錯指令，要阻止，而實在阻止不了，那就要遠走高飛。

57. 老闆有講理的嗎？

企業經營由老闆指揮大局，有挑戰不可能、有強渡關山、有要在石頭中擠出水來的意志與情境。在關鍵時候，老闆能講理嗎？講理的老闆，有時候只會看到他的無能、無為與軟弱。

老闆如果沒有不講理的狠勁與殺氣，那組織只能坐以待斃。

一個小朋友在工作上遭遇挫折，找我聊天，尋求解答。他告訴我，他的老闆毫不講理，採取了近乎「一刀切」的方式，要求他自己解決某一個困難。而根據他的分析：一、這個困難的根源是公司營運結構的問題，非他的層次所能解決。二、如要他解決也可以，公司要提撥必要的預算，但他的老闆並不肯給預算。

這個小朋友一方面苦思無解，一方面則十分生氣，氣怎麼有這麼不講理的老闆，也氣整個組織中，竟沒有人敢講真話，指出老闆的不講理，讓他一個人孤軍奮戰。

我聽了大笑不止。我問他：你看過講理的老闆嗎？我從來沒見過，因為根據我的經驗，如果老闆很講理，他絕對是優柔寡斷，事不能成的老闆。

在成功嶺上，我學到最令我一輩子深刻的話就是：合理的要求是訓練，不合理的要求是磨練。而鋼鐵般的軍人絕對是磨練出來的。

企業經營亦復如此，老闆指揮大局，有挑戰不可能、有強渡關山、有要在石頭中擠出水來的意志與情境。在關鍵時候，老闆能講理嗎？講理的老闆，有時候只會看到他的無能、無為與軟弱。

我自己的經驗是，我申請一億的預算，很可能我只得到八千萬，老闆打折扣理所當然。而精明的專業經理人早就會把折扣數外加，等著老闆打折，但是我也碰過更「天威難測」的老闆。我已經高估了兩成的預算，但誰知道這個「完全不講理」的老闆卻將我的預算，攔腰一砍，再對折優待，我得到是二五折的預算。當時我的反應就和這位小朋友一樣：生氣、無助，甚至想拍桌子走人。

但最後我選擇接受，在不得已的狀況下，我用盡了所有的方法，包括可行與不可行，甚至還不得不險中求勝，最後的結果，在一點運氣的加持下，我也用二五折的預算，完成了那個不合常情、常理的任務。

事後，我更尊敬我的老闆了，要不是他「天威難測」，要不是他完全不講理，要不是他「一刀切」，我不可能完成這件事，事前覺得不可能，過程中危機重重，不時峰迴路轉，但事後讓我一輩子回味，我的能力也在這件事以後倍增。這些都是拜老闆不講理之賜。

從此以後，我知道老闆有一個被所有員工咒罵的特質，那就是不講理。一般而言，一般的情境，老闆會是講理的，按計畫、按分析做事。但是企業經營經常會面臨不可能的處境，經常會面臨意外，經營會面臨挑戰，在非常的狀況下，講理就不夠用了。這個時候，老闆如果沒有不講理的狠勁與殺氣，那組織只能坐以待斃。

老闆可以有不講理的時候，但前提是在平常要講理，否則時時刻刻不講理，那就是瘋子，瘋子是不會有人理你的！

後記：

我們不能不承認，老闆通常能力比你強，因而產生了判斷與思考的落差，老闆氣派恢宏，我們小鼻子、小眼睛，這個時候老闆的判斷與要求，在我們看來就會變成不講理的要求，是不可能達成的任務。

大多數人遇到這種狀況，用了太多的時間來罵老闆，用了太少的時間來思考、解決問題。我直接接受老闆的不講理，因為那是我快速追趕老闆能力的方法。

如果有笨老闆，用這個理由來合理化所有不講理的行為，那是自掘墳墓，眾叛親離不遠矣！

58. 要五毛，給一塊

傑克．威爾許說：員工對老闆要over deliver，就是永遠要做比老闆要求的更多，這樣自己就學到更多，也會讓老闆更聰明……。

一個小朋友辭職，因他的表現良好，辭職令我意外，於是約來一談。他告訴我，他每天都處在高度的壓力下，每天被工作、被主管的要求，壓得喘不過氣來。他感覺就好像背後有一個大的巨輪，不斷的向他逼進。他被迫不得不快速前進，可是稍一不慎，步調稍慢，巨輪就從他身上壓過，幾乎每個月就要被壓扁一次，這樣的工作壓力太大，他承受不了，只好逃離！

我告訴他，我覺得他表現不錯。他苦笑說，那都是勉強出來的，長期實在痛苦不堪，他覺得趕不上公司、組織與主管的要求！

聽了他的說法，我十分遺憾。因為從能力、從學歷、從工作結果來看，他都是好的同事，都是值得培養的新秀，但是他自己走不出心中的魔障，缺乏正確的認知，以至於陷落工作的深淵！

我嘗試換個角度點醒他：就算背後有個巨輪，壓迫你、催促你。但那些都是你要做的事，你為什麼不換個角度，不要走在巨輪的前面，要走在巨輪的後面，由你去推動它，要快就快、要慢就慢；由你來決定速度、由你來決定時間，這只是轉個念頭、轉個態度而已！

我進一步解釋，只要你自我要求的節奏、標準改變，就可以做到。如果組織的要求比你自我的要求高，如果主管的要求比你的自我要求嚴，你就被組織、被主管的節奏推著走，你就落入別人的掌控中。反之，如果你有更高的要求標準，比組織高、比組織嚴、比主管快、比主管先，那你就應付裕如。

事實上，這是我從工作第一天就學到的經驗。主管叫我拜訪三個客戶，我知道我笨，我決定拜訪五個，以補自己沒經驗的不足。主管叫我三天後交稿子，我怕寫不出來，我決定早一天寫好，以免到時候抓瞎；也就是因為這樣的態度，我幾乎沒有看過主管的臉色，雖然工作的品質未必被獎勵，但至少不至於因為工作完成不了而被罵！

「比老闆更高的自我要求標準」，變成我最重要的基本工作法則，不是為了要有好的績效，只是要免於挨罵。但久而久之，我逐漸發現更大的好處，那就是「更高的標準」，會讓自己更快進步，也會因而得到老闆信賴，而且可以擁有更大的自主空間。

因此，瞭解組織的要求，摸清老闆的習性，變成我的習慣，老闆急，我更急；老闆快，我更快；老闆嚴謹，我就更注意細節、更小心；老闆氣派恢宏，我就更大處著眼、揮灑自如。老闆說要省五毛，我就設法省一塊錢。這種「要五毛，給一塊」的工作邏輯，讓我永遠不會變成被檢討的對象。

這個小朋友能否「頓悟」這個「更高標準」的邏輯，我不敢說。但我看他眼光閃爍著光芒，我知道他有所體會。當然我更知道，這個「更高標準」的想法，不只是想法，更代表著你要有決心和毅力，也需要更聰明的做法，只要想通這一點，再加上嘗試與實踐，一切就會改變了。

後記：

有人問我，要五毛給一塊，這樣不是會把老闆寵壞了嗎？而以後老闆胃口變大了，不是讓我們更難過嗎？

我回答，如果有這種慾壑難填，不知愛護部屬的老闆，那就槍斃他、離開他。但一般而言，你這樣做老闆只會對你依賴越來越重，你很快會變成老闆的首席戰將，會享有特殊待遇，你會擁有最大的自主空間，你反而會成為老闆籠絡的對象。

59. 老闆能有多公平？

如果從單一時間點來看，沒有一件事是公平的；天平也不是真的平衡，不是偏左，就是偏右，那是鐘擺式的動態平衡。組織的公平，也是動態的公平，只要老闆有公平之心，不要去計較於某一件事的公平。

有一篇讓我印象深刻的文章：題目是「媽媽能有多公平？」是一個媽媽寫出她心中的感受，這位媽媽有一女一兒，她非常重視公平，因此任何事都是一視同仁，有兩顆糖，一人一顆；有禮物，也是兒女一人一份。但偏偏經常出現為難，如果有三顆糖，一人一個之後，剩下一個，媽媽就說，弟弟小，這顆先給弟弟，下次再給姊姊。或者是有兩個不同的禮物，媽媽說，姊姊先挑一個，下次再給弟弟先挑。

問題是，媽媽已經這樣注意每一個細節，但兩個兒女仍然不時抱怨媽媽不公平。姊姊會說，為什麼這一次要先給弟弟，為什麼不先給我？弟弟會說，為什麼不讓我先挑？不是數量的問題，就是先後的問題，再不然就是兩個人同時喜歡同一件事，逼得媽媽每天排難解紛，一個非常重視公平的媽媽，但在處理日常的爭執時，仍然被罵不公平。

在我工作的過程中，我一直是那一對兒女之一，每天指望媽媽（主管）能公平評價我的表現，給我應得的肯定與回饋，有時候對公平的期待，甚至到了不可思議的地步。記得有一次剛到一個新單位，我發覺我的主管，和許多同事有說有笑，而我是新人，因為不熟，插不上話，這時我都會有酸味，覺得老闆比較疼其他同事，而這時如果有任何的獎懲，我很容易就覺得老闆對我不公平，那是我在新環境中，因自卑而產生的「被不公平對待妄想症」。後來我更成熟，也升上主管之後，我非常強調公平，覺得公平是主管的唯一責任，甚至認為主管如果不能公平的對待每一個同仁，根本就應該切腹自殺！

但是，我仍然遭遇許多不公平的質疑：有人說我耳根軟，會叫的人有糖吃，會吵的人就會得到比較好的待遇，默默耕耘的人就吃虧了。有人說我偏愛某些單位，這些單位有一點小成果，我就給予肯定；有些單位我不重視，不論多努力，都不會得到認同。

我完全不否認我是可能不公平的。我承認我是人，人就可能有偏見，可能有主見，可能不客觀，因此一旦有任何抱怨，我唯一能做的是仔細傾聽、仔細檢討，如真有問題，立即設法調整，但就算如此，我仍然無法免於不公平的指責，我仍然是一個無法讓所有同事覺得公平的主管。我就像那個努力做到公平，但卻被兒女指責的媽媽！

剛開始時，我對這種狀況完全不能理解，我急著找來當事人，說明我的態度、我的努力，以及我如何調整，但成果有限。日子久了，我對公平有更深刻的體會。誰有能力讓天平永遠不動呢？那是不可能的，天平不是偏左，就是偏右，那是一個動態的平衡，只要不是永遠偏一邊，雖然每一刻都不公平，但在修正調整中，長期會是公平的。

因此，我不指望社會、不指望老闆、不指望環境，能做到絕對的公平，只要有公平之心，雖然每一件事都不見得公平，但動態調整後，會找到真正的相對公平。

後記：

有人對我說：何先生，你對我不公平！

我無言以對，連我自己都覺得對他不公平，但是我沒辦法，因為此時此刻，我手上的籌碼就只有這一些，我選擇了重點獎勵的方法，而不是平分；因此滿足了最急迫單位的需求，而其他人則被忽略了。

我無法解釋太多，我只能承認，我欠他，下次會設法補回。

60. 管理老闆的餿主意

老闆也是人，老闆也會犯錯。可怕的是老闆權力很大，犯的錯傷害更大，對大多數的工作者而言，你沒有力量阻止老闆犯錯，但你應該有效管理老闆的餿主意。

每一次我犯錯的時候，身邊最能幹的部屬總要倒大楣。因為在關鍵時候，我總是派出最能幹的部屬出面收拾善後。每一次我要求他們出艱鉅任務，他們總是乖巧的答應。我也一直不覺得我有什麼問題。

一直到有一次，這位能幹的部屬告訴我，他現在的工作分不開身，無法再增加處理善後的工作，我不得已只好大費周章的勸說，他才勉強接受。而當事情處理完了以後，這位能幹而乖巧的部屬鄭重其事的「約談」我。他告訴我，他沒有權力管理我的決定，但是，他已經替我處理了非常多次善後工作，可不可以請我注意一下「公平」，如果以後再有這種「好事」，可不可以找其他人擔任，反正我身邊兵多將廣，應該讓每個人都有機會表現！

和部屬面談，我的經驗很多，但談完面紅耳赤、冷汗直流，這是少有的一次。我很清楚，這個能幹的小朋友不是真的不願再接新工作，只是這些善後工作，讓他覺得很無趣，一方面是會發生這種事很荒唐；另一方面他也暗示，我一再出餿主意，讓他對我的「英明」大打折扣，其實是讓我自我節制一下，尤其是一句「他沒權力管理我的決定」，更道盡了一個忠心部屬的無奈！

從此以後，每當我有任何創意時，我先想到的就是「這會不會是另一個餿主意」，我的犯罪機率逐漸變少、變小。

對多數工作者而言，永遠是老闆餿主意的受害人，管理老闆的餿主意，絕對是必要的職場本領，尤其如果你是那個能幹的部屬。

「找到老闆的肚腸」，是管理老闆餿主意的開始；「老闆肚子裡的蛔蟲」，表面上是罵人的話，指的是逢迎拍馬，但是充分瞭解老闆的思考、動向，以及老闆正在做、正在想的事，絕對是一個聰明的部屬該做的事。「找到老闆的肚腸」，不是要成為老闆的蛔蟲，而是瞭解老闆可能出手的招數，隨時準備接招！知道老闆要什麼、想什麼、即將做什麼，這是好的團隊默契，也是聰明員工的必要條件。

有時候，老闆的餿主意，員工也要負一半責任。因為在事前老闆徵詢意見時，許多部屬常會揣摩上意，含混以對，以至於老闆無法明確判斷，甚至誤以為大家都同意，這是辦公室中常見的現象，因此許多事一錯到底，一發不可收拾。

因此，當事先徵詢意見時，明確表達不同的反對意見，絕對不可或缺。但也許你會說，老闆很固執，天威難測，說不同的意見只會立即倒大楣，還是不說的好。如果你的態度是這樣，我只能說，你只是一般承上啟下的員工，你沒有判斷、沒有自我、沒有膽識，說自己相信的話，頂多口氣委婉罷了。如果真是餿主意，絕對沒有模糊的空間，要嚴詞拒絕。

後記：

天威難測的帝王時代，臣子為了拒絕帝王的錯誤決定，不敢明說，只能拐彎抹角用各種隱喻，有時還難免冒犯皇帝，引來殺身之禍。現代職場，絕無此事，尤其如果老闆一錯再錯，部屬絕對有責任直言，如果你還存在「為五斗米折腰」的心情，那你是個無足輕重的工作者，隨時可能被淘汰。

61. 老闆，我可以兼差嗎？

我在意的是：同事們心中不只有我們公司，還有別的公司。而這家「別的公司」卻又是同業，有時候還會和我們的公司正面競爭，這是「情人眼中容不下一粒砂子」的感覺。

相信沒有一個人會問老闆這個問題，因為不可能有老闆會回答：「Yes」，就算每一個員工都有想兼差的念頭，但大多數只能夠在心中想想罷了，兼差賺外快，增加收入，只是可望而不可及的想像。

不過事實真的如此嗎？不！任何一個人都可以輕易指出來身邊的親朋好友，分別在兼什麼樣的差，多一份額外的收入。兼差的人多到你不能想像，但這卻不是一件合理合法的事，兼差只能做，但不能說，一切都盡在不言中，大家心照不宣罷了！

最近我的辦公室發生了一件事，一個正式任用的記者，卻去替別的雜誌社寫了一本書，而且堂而皇之的正式出版。我事前不知，但事後聽聞。我一直在等他自動來向我說明，卻始終等不到，最後我忍不住找他來問話，沒想到他的回答竟然是：過去大家不都這樣做嗎？

我無言以對，看到這位經驗豐富的記者，露出一臉無辜的表情，就好像說：怎麼有這麼白目的老闆，不准員工兼差，實在太落伍了。

我義正詞嚴的申明我的立場，這是工作者的「非競爭條款」，不得在同業從事相關工作的兼職活動。雖然我得到他的承諾，絕不會再做相關的事，但這過程並不十分愉快。

這讓我想起過去無數次類似的辯論過程，有人曾問：我的錢不夠花，在下班之後不能兼差貼補嗎？還有人說：我家裡開個小店，做個小生意，下班在家幫忙算不算兼差？更有人說：我利用閒暇時間，寫一本書出版，這難道也違反公司的規定嗎？

每一個說得出來的說法，都似乎讓我無言以對，但我也知道，真正的問題不是這些，而是兼差背後所隱藏的「感覺」，那是公司與工作者不能互相信任、不能同心協力的問題。

我不願一一去驗明每一種情境的是非，我只能用「非競爭條款」，先禁止在同業間的兼差，這當然可以避免掉大多數的兼差可能。可是我知道，我並不是真的在意同事的時間，也不見得真的會影響工作，我在意的是：同事們心中不只有我們公司，還有別的公司。而這家「別的公司」卻又是同業，有時候還會和我們的公司正面競爭，這是「情人眼中容不下一粒砂子」的感覺。

我不曉得「不得在同業內兼差，不得做相類似工作的兼職」，是否合乎《勞基法》，但我明確知道，我無法容忍同事兼差。我期待所有的同事，我們都是「一家人」，而一家人不會一心兩用，想著別人、向著別人。

當然，對於那些因為收入不足，需要去做非相關行業的兼差，我只能努力改善薪資福利，期待工作者可以早日脫離，不忍心苛責！

後記：

我非常強調忠誠，對自己忠誠、對工作忠誠、對公司忠誠、對同事忠誠。我恨別人不忠誠，也不能忍受同事不忠誠。

每一個公司，都是老闆開創的工作場域，我們應該入境隨俗，遵守老闆設定的規矩。

我相信每個公司的規矩不同，但不得兼差應有放諸四海皆準的共識，老闆不敢正面制止你的兼差，不是同意，只是處理的時候未到吧！

62. 肚量成就一輩子的追隨

肚量不見得要用金錢來表達，給予空間、給予舞台，是肚量；聽得下建言、聽得下真話、聽得下逆耳忠言，也是肚量；容得下能幹的部屬、容得下可能威脅自己地位的同事，更是肚量；承擔起部屬所犯的錯、扛得下責任，不會天塌下來，肩膀一歪，壓死一千人等，也是肚量……。

最近兩年，我有幸遭遇一個令我感動的故事：兩個年輕人充滿了創業的想像，也很有能力，因緣際會創辦了一家ＩＴ軟體服務公司，當他們為了增資發生困難，困擾不已之際，遇到了一個台灣的高科技公司老闆，聽完這兩個年輕人的處境之後，這位老闆掏出了上億的資金，只有少部分認列股份，做為投資，大部分的錢，則做為兩位年輕創業者代墊的資金，不要求利息、不要求回饋，沒有還債時間，只留下一句話：「創業成功了再還我。」

乍聽這個故事，我以為我聽錯了。商人重利輕義，舉世皆然，怎麼會有這樣的人？如果他占很大的股份，也還可以理解，因為可解釋為要收攬人心、收編團隊。問題是這位老闆認列的股份很小，義無反顧的代墊資金，只能解釋為好人好事的善行，令人佩服，也為這兩位年輕人慶幸。

後來我聽了更多這位老闆的故事，我只能說他「肚量超凡」，絕對是台灣商場的大善人。

另一個類似的故事，發生在我自己的公司，我們是絕對的部門利潤中心制，有兩個單位當年度的獲利不佳，以至於年終獎金的額度很少，這兩位主管都做了同樣的事：放棄自己的獎金，全數分配給部屬。事後知道這件事，我又慚愧、又感動，有這樣的同事，三生有幸。

這也是有關肚量的故事，這兩個主管，並不是老闆，但他們也和前一個故事中的高科技公司老闆一樣，肚量非凡，對自己所帶的團隊負責，犧牲自己的一份，成就團隊。

在領導統御中，領導者的氣派與肚量是無法具體衡量的，卻往往是決定團隊與組織成敗的關鍵，因為有一個氣度非凡的領導者，我願意為他工作，願意義無反顧效死力，願意一輩子追隨。因為這樣，團隊會有力量，因為團隊合作無間，組織才會有效率，公司才會成長。肚量成為上位者吸引人最重要的特質，也成就團隊成員對領導者一輩子的追隨。

肚量不見得得用金錢來表達，給予空間、給予舞台，是肚量；聽得下建言、聽得下真話、聽得下逆耳忠言，也是肚量；容得下能幹的部屬、容得下可能威脅自己地位的同事，更是肚量；承擔起部屬所犯的錯、扛得下責任，不會天塌下來，肩膀一歪，壓死一干人等，也是肚量；給得起錢、給得起獎金，這當然是可具體衡量的肚量。有功勞、有光彩的事，不和部屬搶功勞出鋒頭，也是會讓部屬衷心感謝的肚量……。

工作者，有肚量會成就人緣，很快會變成主管；主管有肚量會成就團隊，想創業時就會近悅遠來，不虞人才不足；老闆有肚量，會有一輩子追隨的死士。感嘆身邊人才不足的人，恐怕第一個要想想自己肚量如何？

後記：

有人告訴我，有幸遇到前述有肚量的老闆，赴湯蹈火都願意！我承認，十個老闆九個小氣，肚量大的老闆，珍貴難求，因此如果你的老闆小氣，不要生氣，因為大家都一樣。但是如果你真有幸遇到大方的老闆，那真的要十分珍惜，而且要有受人點滴，泉湧以報的態度，如果你不知回報，這種有肚量的老闆，一旦發覺被愚弄，他們的反擊會很強烈。

63. 做不完的定律

這或許是戲謔與嘲諷，但有一定程度的真實，問題是面對「做不完定律」下的工作者，將如何自處呢？

熬夜加班是百分之九十九的人採取的對應方法，但這絕不是正確的答案，這只不過是永無休止的惡夢，也不能真正改變工作的為難本質。要改變這種狀況，要靠非常多的方法，才能有效改變，而其中「重點法則」只是最關鍵性的做法。

高效率組織的本質是用較少的人力，做完較多的事，以獲取較高的效率，因此工作者面臨的是，永遠做不完的工作情境，如果要把事情做完，勢必要熬夜加班、夜以繼日。這是從個人到團隊、到部門、到全公司上下的普遍現象，下班以後，辦公室仍然燈火通明，是現代高度競爭下常見的結果。

這就是企業組織中的「做不完定律」：事情永遠做不完，如果事情做得完，你就是組織中不重要的人。如果公司中大多數的人事情做得完，你的公司一定是有問題的公司，開始準備換工作吧！

這或許是戲謔與嘲諷，但有一定程度的真實，問題是面對「做不完定律」下的工作者，將如何自處呢？熬夜加班是百分之九十九的人採取的對應方法，但這絕不是正確的答案，這只不過是永無休止的惡夢，也不能真正改變工作的為難本質。要改變這種狀況，要靠非常多的方法，才能有效改變，而其中「重點法則」只是最關鍵性的做法。

「重點法則」可以分為幾個層次：一、分辨什麼是重點工作；二、花全力處理重點工作；三、用最簡單的方法、最有效的方法，簡化或處理非重點工作；四、如果這樣還無法解決做不完的問題，那就要想辦法從結構面來改善工作內容及流程。

分辨重點工作，可以簡單分類，如果你能簡單找出百分之二十的重點工作，那你已經找到關鍵，如果你仔細分析之後，重點工作不論從工作分量或內容上來認定，其總工作比重還超過你全部工作的百分之二十，那你還沒有真正找到什麼是重點工作。這時候你只要把其中屬於緊急，但不重要的工作排除，很可能又會刪除許多被你列為重點的工作。

此外，大多數人重要與緊急不分，許多緊急的工作事實上一點都不重要，但卻占去你大多數的時間，也排擠掉重要的工作，是否找出百分之二十的重點工作，是重點法則的第一步。

第二步，花全力處理重點工作，其實就是「八十／二十」原理的運用，用你百分之八十的工作時間及工作精力，去把百分之二十的重點工作做好，你就會獲得最大的工作績效。

至於剩下的百分之八十非重點工作，你也要做好。問題是你只剩下百分之二十的精力及時間，如何能做完、做好？把同樣的工作集中處理，批次處理是第一個思考，改變工作流程、簡化工作方法，是第二項你該做的事。許多工作從你承接開始，其實並不是最有效率的流程，只要你仔細解讀工作的內涵，你很可能會找到新的工作模式，或者是步驟簡化，或者是使用新的有效工具，都可使工作效率改善，當然如果能省略或清除不必要的工作，你可以立即減少許多工作。

如果上述三項還無法解決事情做不完的困擾，那表示在你自己身上是無法單獨解決工作做不完的問題，就要進一步進行外部溝通及上級溝通。外部溝通解決的是部分工作與外部單位銜接所存在的不效率，要求大家進一步來協商解決，這也是改變及簡化工作流程。至於上級溝通，則是從改變工作定位、工作分工或者增加人力來改變。

如果工作者不能認知工作「做不完定律」，只知抱怨，要求主管改善，而沒有對應方法，下場絕對是個悲劇！

後記：

這個定律和老闆的不講理定律一模一樣，都是職場中顛撲不破的真相。只不過大多數人不瞭解，總是努力的要把事情做完，當然就痛苦不堪。

工作者要想的是，不是把工作做完，而是有一個健康的態度，面對做不完。

64. 客戶的劫難：客戶有講理的嗎？

職場中經常流傳各種「奧客」的笑話，每個人都可講出一堆不講理客戶的故事，但這都僅止於私下的抱怨，因為每一個人都知道「奧客」是不容得罪的，得罪「奧客」是和自己過不去，也是和公司過不去。

而面對「奧客」最佳的方法就是認同他的不講理，認同他不講理的合法性、必要性與不可改變性。

有一個作者（客戶）打電話給我，劈頭就是一連串的抱怨：先是說現在我的公司是大出版社，侯門深似海，完全不理小作者的需求，要求我瞭解一下、管一管。我問他：到底發生了什麼事，讓他如此生氣？

他又一連串說了許多事，又是買書沒準時送達，又是想用版稅抵扣購書款被公司拒絕，又是他想辦活動推廣書，卻被公司刁難……。

我一聽就知道，這位作者是被我公司內的作業規範打敗，他的要求都不符合我公司內的標準作業流程，因此當然被拒絕，但是身為一個作者，他想做的事情不能如願，當然十分生氣，尤其他還認識我，自覺理當要有一些小特權。

我當然要處理，我把主管找來，一問起這位作者，這位主管就激動起來，顯然他早已知道作者會向我告狀，因此就淘淘不絕的訴說起這位作者的各種「豐功偉績」，如何把他的團隊弄得人仰馬翻，希望我主持公道，不要只聽作者一面之辭。

我要他平靜下來，我問他：你還要經營這位作者嗎？他回答：要！我說：這就對了，就算你不要再經營這位作者，都要把作者的問題「搞定」，更何況你還珍惜這位作者，那就更要化解他的問題。最後就補了一句：「客戶沒有講理的，搞定不講理的客戶，你就有做不完的生意！」

對出版社而言，作者就是衣食父母，就是客戶。有好的作者，就有好的內容，就有暢銷書，出版社就風生水起，因此侍候作者（客戶）是出版人的基礎訓練。

問題是：我公司裡充斥著充滿文化理想的編輯人，他們想做的是「好書」，他們沒有想過要侍候人，或者他們更壓根也沒想過他們要侍候客戶（作者），因此當作者提出複雜、麻煩，或者根本是無理的要求時，我的團隊成員就不知如何應付了。

在組織裡，我一直在推廣一個觀念，那就是如何從工作者（編輯）變身為經營者（出版人），出版人不只有文化理想，還能完成生意，讓文化理想變成「好生意」。這樣偉大的文化事業才能永續經營，而經營者最重要的能力就是侍候客戶（作者），而客戶通常都是不講理的，而通常最不講理的客戶，會帶給你最大的生意。或者換句話說，搞定最不講理的客戶的能力，就代表你最大的經營能力。

認知客戶的不講理，銷售人員、業務人員知之甚詳。但一般的主管、經理人，面對的是組織內的工作，一旦被外界的客戶所驚擾，尤其是無理（不合內部工作規範）的要求，通常都會直接拍絕，他不知道丟掉生意，後果有多嚴重。

我鼓勵所有的工作者，要有搞定客戶的觀念，也要認知客戶不講理的天性，能搞定客戶，你就會變成經營者。經營者不只是主管，更是創業者，也是組織中最稀有而珍貴的類型，一旦學會掌握客戶的能力，你就離老闆不遠了。

後記：

❶我有另一篇文章〈老闆有講理的嗎？〉引起了許多討論，有人認為我寵壞老闆，也有人認為是至理名言。對我而言，我只是在描述一個心情，如果你不能改變老闆，那不如改變自己的心情。這篇〈客户有講理的嗎？〉也是一樣的態度，說他、罵他，最後你還是要面對他，那不如改變自己吧！

❷雖然我不承認「出錢的是大爺」，我也會據理力爭，但這不代表我否定客户，更不代表我討厭客户，要知道客户不是大爺，但客户是衣食父母，每一個人都要仔細聽客户講他的道理，聽懂他的道理，你才有機會讓他滿意，就算要反駁，也才知道如何下手。

65. 行走江湖的識人之法：專業直覺識人術

找到對的人、做對的事，讓對的人上車、讓不對的人下車，這都是組織用人的最高準則。但如何識人？如何在第一時間就辨識出誰是正確的人，這就是每一個人行走江湖必須學會的本事。

華航的主管在長期晉用服務人員的過程中，培養出一種「感覺良好」識人術。我們也要在自己熟悉的領域中，培養出自己一套直覺的識人之法。

有一次到華航演講，分享我摸著石頭過河的管理經驗，沒想到他們反而啟發了我面談識人的方法，讓我收獲加倍。

華航的人事主管告訴我，他們在面試地勤櫃台人員時，有一個挑人的潛規則：非常重視第一次見面前三十秒的感覺，一定要這三十秒的感覺「良好」，才會繼續往下面試，這幾乎是三十秒定生死的面試。

他接著分析為什麼是三十秒，又為什麼這麼直覺而主觀，為什麼要強調感覺

「良好」。因為地勤櫃台人員的工作，大部分與人接觸的時間非常短，而且接觸的都是陌生人，所以非常強調「第一眼」的感覺良好，如果能讓陌生人順眼、舒服，後續的服務就會順利。至於工作能力，可以慢慢訓練，因此第一眼的三十秒的感覺最重要。

他繼續說明「感覺良好」的定義：這絕不是外顯的漂亮，反而是宜人耐看，有一點像鄰家女孩的順眼，再加上一點讓人如沐春風的舒服感。

我不太抓得住「感覺良好」的感覺，但我確定不是亮麗漂亮、不是精明幹練，因為亮麗使人嫉妒、幹練給人壓迫感，都不會感覺良好。

我繼續問，那如何培養這種感覺呢？他說：做久了，櫃檯人員看多了，你就知道什麼樣的人會讓人感覺良好、會有客人緣、會與所有接觸的人互動良好。

這次的經驗，讓我在用人、看人上，有了更深刻的體會。我也確定在理性分析之外，專業的直覺也是另外一種特殊的能力。

過去在用人、識人上，我非常強調專業能力的檢查與道德操守的確認，前者可以用理性分析來過濾，但後者我一直找不到有效的測試方法。

專業能力可以考試、可以口試、可以檢查證照，透過討論，可以測試出對方專業知識的深淺，也可以看出他的工作態度，如有必要，他的前任主管的意見，更能透露出真相。

而道德操守就完全不著邊際，雖然我們可以從每一個人的過去經驗、人生態度，探測他的想法，但終究不是有效的科學方法。

既然沒有明確的科學方法，那道德操守的檢驗能不能培養出專業的直覺呢？我不確定，但值得思考探索，不過對有些專業的職種、功能性的職位，我確定會像航空公司的地勤櫃檯人員一樣，能找出類似的專業直覺判斷。

以我經驗最豐富的記者及編輯而言，我也有專業的直覺：圖書編輯的專業直覺是細微耐心、個性穩定，太活潑外向的性格，基本上不合適。而採訪記者正好相反，開朗、活潑、好奇是較上手的性格，太安靜的性格，在採訪工作上要做非常大的調整。我回想在應徵記者及編輯時，其實我心中早有定見，而面談的答詢只不過是在驗證我的直覺而已。

華航的經驗，讓我對主管的能力要求又多增加了一項，那就是專業職種的識人能力，每一種專業工作都有特殊能力要求，而這些能力也會搭配相關的性格條件，專業的主管，對專業的能力要培養出自己專業的直覺。

後記：

❶既然是直覺，就不是有效的科學依據，但是每一個領域，只要仔細揣摩，也都可以找到一些自己的感覺，重點是每一個人要在觀察人時費心累積經驗。

❷對狡詐之人、對會説謊之人、對道德操守不佳之人、對孟浪之人、對沒耐心的人、對創意才氣橫逸之人，這些人我都嘗試找出一些基本的行為原型，並牢記在心，這些都變成我直覺的識人方法之一。

Chapter 5

自慢的生涯抉擇

我永遠充滿「野性的鬥志」，
只要我想要，不達目的，絕不終止。
當然不論面對多麼困難的情境，
我絕對不會放棄，
這些都是我相信的事，
伴我度過人生每一個轉折。

年輕時，決定從事媒體工作，到《中國時報》系應徵，信佛的媽媽告訴我，到關渡宮問一問媽祖，看好不好？我不能拒絕。結果媽媽回來告訴我，媽祖說不好，記者像流氓一樣，不要當記者。我告訴媽媽，來不及了，我已經辭職到《工商時報》上班了。

後來，我決定離開《中國時報》，自行創業，媽媽又說，問問媽祖吧。我還是不能拒絕。媽媽問完媽祖後告訴我，媽祖說《中國時報》很安全，不要辭，創業太危險，不要去！我又告訴我媽媽，來不及了，我已經辭職了。媽媽不安心，但也只好由我了！

我不是無神論者，但在每一次生涯轉換時，我自己下決定，我自己做判斷，我自己的路，勇敢的走。

我依靠的是一些基本觀念：如「追隨內心的呼喚」，每一次要改變時，我認真的問自己未來我想要什麼。又如我永遠充滿「野性的鬥志」，只要我想要，不達目的，絕不終止。當然不論面對多麼困難的情境，我絕對不會放棄，這些都是我相信的事，伴我度過人生每一個轉折。

66. 野性的鬥志

淝水之戰的謝安，他遇到超過十倍兵力的敵人；草船借箭的孔明，他遇到一個根本不可能完成的任務。

這是歷史上久遠的故事，但現實生活中，我們會遇到更多類似狀況，這個時候，需要的就是「野性的鬥志」，拔出劍來，奮力一搏，我一定要完成，誰也不能阻擋！

我曾見過一個讓我敬畏的年輕人。他曾經是我的業務主管，在西元一九九五年網路世界興盛的時候，有一次我和他談到未來世界有兩種關鍵的技能，一項是電腦，一項是英語，未來世界離不開電腦的使用，而網路的興盛又讓英語成為世界語言，沒有這兩種技能的人，未來將是弱者。

隔了三天之後，他來看我，帶了一台筆記型電腦，告訴我，他花了三天，學會了電腦基本的使用，包括中文打字，他努力的向我展現三天幾乎不眠不休的學習成果。

之後，他同時努力的學英文，幾年之後，他不但英語溝通自如。有一次他在一個領獎的場合，甚至用英語發表致謝辭！現在他早已自行創業，開了一家網路應用軟體公司，技術開發團隊養在世界各地，這家公司很可能是未來網路世界的明星公司。

對他的敬畏，來自在他身上奔流的「野性的鬥志」，努力向上不服輸，心裡沒有不可能，只要他想做，他會用不可思議的方法，用最短的時間去完成，他的鬥志、速度、執行力經常會嚇我一大跳。

我就是充滿「野性的鬥志」的人，但我碰到了更不可思議的年輕人，我能不害怕嗎？於是我投資他的公司，讓他永遠成為我團隊的一部分。

世界上大多時候有常理可循，有常規可依，但我們也常常會遇到不合理的狀況，淝水之戰的謝安，他遇到超過十倍兵力的敵人；草船借箭的孔明，他遇到一個根本不可能完成的任務。這些都是歷史上久遠的故事，但現實生活中，我們會遇到更多類似狀況，不講理的老闆要求你承諾做不到的業務，要你去做一件他自己都沒把握的事，甚至發生意外時，你可能在千鈞一髮中，只有百分之一的逃命機會……。

這個時候，你無法講理，無法說要不要，思考可能不可能更無意義。這個時候，你需要的就是「野性的鬥志」，拔出劍來，奮力一搏，我一定要完成，誰也不能阻擋！

野性的鬥志不是天生的，是逐漸培養出來的。所有的生活體驗，都是培養「野性的鬥志」的過程，父母說的，老師交代的，主管命令的，都要告訴自己，絕對不說「不」，不去思考事情可能不可能，只去想如何去完成，這是為什麼嚴格的教育與訓練，會訓練出最精銳的軍隊的原因。每一個人的戰力，都是建築在內心的「野性的鬥志」。

外在的訓練是一件事，在自我要求中，讓自己陷在不可能的任務中，是培養野性的鬥志的另一種方法。只要有機會，就下定決心做一件不可能的事，然後想盡各種辦法去克服它、完成它，這是自我培養的方法。前面的故事：「三天學會電腦」，就是例子，沒人要求他，他自己決定學會，於是他就學會了！

或許有人會說，為什麼要這麼折磨自己？對這個問題我沒意見，但至少這不是我的風格！我只是不想當那個影像模糊、沒有特色的平常人！你呢？

後記：

這又是人生態度的論辯，要輕鬆過平常人的生活，還是全力以赴、活出不一樣的人生？選擇後者的話，那麼鬥志（fighting）就是關鍵。

我打橄欖球，原因無他，這是一個打團隊、打鬥志的球種，我的身材、體型可能不如人，但我絕不畏縮，奮戰到底，鬥志會化不可能為可能，所有歷史上以寡擊眾，所有可歌可泣的戰爭，鬥志都是決勝因素！

67. 千萬別做生意

「千萬別做生意」，沒有人會相信的，我並不是真的建議所有的人不做生意，而是說如果你有其他的天分，千萬不要「隨俗」、「隨性」也走上生意的路子。

因為做生意的天才只有百分之一的機率……。

有人一輩子就是千萬別做生意，因為違反造物者的原意，造物者給了你別的天分，你為什麼偏偏還不知足，卻要跌落商場的凡塵？

你能想像京劇名伶梅蘭芳，轉戰商場，變成一個成功的生意人？或者是國畫大師齊白石，經營公司，過著錙銖必較的日子？又例如《紅樓夢》作者曹雪芹，像胡雪巖一樣，呼風喚雨，跟錢往來？

相信大多數人都不能想像上述的場景，甚至大多數人也都認為這不是一件對的事，因為造物者已經給了這些人很特別的路，他們演的是很特殊的角色，但絕對不是生意！可是，如果梅蘭芳一定要做生意呢？我們不只不能想像，而且幾乎可以確定結果一定是悲劇，或者至少對梅蘭芳個人而言，絕對是一場劫難，一段痛苦不堪的折磨；或者整個社會根本就不會出現我們所認識的梅蘭芳。

其實這是很容易懂的道理，每個人有每個人的道路，條條大路通羅馬，行行可以出狀元，為什麼都一定要走入生意的窄門呢？

不幸的是，台灣是一個太富裕的社會，你身邊隨時有揮金如土、隨心所欲的有錢人，有錢與成就幾乎畫上完全等號，而躋身有錢之道，做生意是最明確的道路。年輕人怎能不立志，做生意、賺大錢？

這似乎是完全不可能的勸告，「千萬別做生意」，沒有人會相信的。不過沒關係！我真正的意思並不是讓所有的人不做生意，而是說如果你有其他的天分，千萬不要「隨俗」、「隨性」也走上生意的路子。

明顯的例子是藝人，影劇版上不是常常報導某知名藝人在演藝之餘，又開了服裝店、珠寶店、餐廳、冰店……，好像藝人不開個店，做做生意就是無能、就不夠紅，可是你聽過多少藝人做生意成功的呢？很少。

台灣知名藝人，當時走紅新加坡的主持人曹啟泰就是好的故事，在他的書《一堂一億六千萬的課》中，他坦白的述說他如何開了五家公司，如何在五年之內賠了一億多，如何暗無天日的度過借錢、軋支票的日子。曹啟泰的故事是我親眼所見最典型的創業的故事，說明的只有一件事，不是人人可創業！

如果有機會，我還是要說，千萬別做生意，除非你有生意天分，而這個比率可能只有百分之一，你是嗎？

後記：

有人問我，你是希望大家都別創業嗎？

不！我鼓勵大家都創業，因為在資本主義社會，功名利祿全在創業中，而這篇文章是讓每個正要創業的人再一次檢視一下自己的個性、自己的準備。也讓那些領薪水不甘心的人，先做一些心理建設，創業成功的果實甜美，但歷程凶險萬伏，粉身碎骨的機會也很大，創業前先想清楚！

68. 遠離舒適圈

追逐舒適圈，是人之常情；找一個較好的工作，人人如此。問題是這個邏輯永遠對嗎？當然不是，如果你現在已經超過四十歲，未來的發展，已經受到許多限制，對任何的異動，都要審慎。如果你現在還年輕，如果你剛入職場，未來的發展還有無窮可能，舒適圈只會讓你安逸、懈怠，限縮了你未來的發展。

最近公司內有一個新事業發展計畫，是有關數位內容的構建與發展，由於是一項全新的想像，因此需要調一位有能力、有想像力的主管去負責。我挑了一位過去表現良好的主管，希望他出任艱鉅，承擔這個公司非常重視的計畫。

經過溝通後，這位主管剛開始表現高度的興趣，並深入的瞭解了計畫的內容，我很高興深慶得人。不過最後他卻拒絕了這個工作，讓我非常的失望。我不得不再仔細的約談他，希望瞭解問題的根源。

他說了許多的理由，例如：對新工作不熟悉，對原工作任務未了，一時走不開等等，可是在我看來，似乎都是一些不明確的理由，我覺得其中一定還有說不出來的原因。

我從他的好朋友口中，側面得知，他真正顧慮的是，他現在的工作已經非常熟悉，而且該單位營運的狀況也很好，他不願放棄現在這個熟悉而「輕鬆」的工作，去面臨一個有挑戰性，但成果未卜的職位。

知道這個理由後，我十分失望，我知道又是「舒適圈」現象在作祟，如果目前的工作穩定、舒適、安逸，其實很少人願意接受新的挑戰，去面臨不可知的未來。

在職場中，總有「舒適圈」與「艱困圈」的分野。就算同一家公司，也有部門差異，有的部門運營良好，工作者福利待遇都佳；有的部門則較辛苦，這就是舒適圈與艱困圈的差異。當然不同的公司，不同行業其舒適圈與艱困圈的差異就更大了。

追逐舒適圈，是人之常情；找一個較好的工作，人人如此。問題是這個邏輯永遠對嗎？當然不是，如果你現在已經超過四十歲，未來的發展，已經受到許多限制，對任何的異動，都要審慎。可是，如果你現在還年輕，如果你剛入職場，未來的發展還有無窮可能，舒適圈只會讓你安逸、懈怠，限縮了你未來的發展。

在我帶過的所有主管中，其實很容易分辨出其中的差異，快速成長，潛力無限的主管，通常都歷經了各種不同的考驗，他們的態度開朗、樂觀進取，面對新事務不憂不拒。反之，變動較少，成長較慢，未來的發展也較受到限制。

如果變動是跨行業、跨公司，甚至是生涯轉換，當然要慎重。但如果是在同一行業、同一公司，工作變動，其實大多數是代表培育與晉升。公司願意把新的挑戰交給一個人，隱含了認同與肯定。如果你拒絕的真正理由，只是不願離開舒適圈（當然你會用別的理由拒絕，只不過事實的真相，絕對瞞不過聰明的老闆），那就很可惜。

或許應該這樣說，在三十歲以前，勇於探索新事務、新工作、新機會，以增強自己的歷練、能力，是讓自己多才多藝的不二法門。而在四十歲之前，雖然在某些領域上你已經有一些成果，但是遠離舒適圈，不斷接受新機會與新挑戰，仍然是必要的態度。一味要坐進安逸的舒適圈，結果只會讓自己在職場中被邊緣化，變成可有可無的工作者。

後記：

一位老朋友告訴我，遠離舒適圈是寫給年輕人看的，像我這種老人家（五十多歲），當然要守穩舒適圈了。

我笑笑，也理解，人各有志。但我的想法不是這樣，我認為人只要喪失鬥志、喪失挑戰，很快就會消沉枯萎，因此我年過半百，但鬥志昂揚、雄心萬丈。

我不斷開啓新戰場，我喜歡和年輕人一起探索未來，小朋友告訴我：何先生，你是戰士。我回答：是的，我樂在戰場，而不要安樂窩！

69. 讓想像飛翔

想像其實只是態度，當你擁有積極的想法（positive theory）時，你的想像力便豐富起來，所有的可能都會出現。

當你對所有的事都好奇時，你會發覺這個世界變化萬千，璀璨絢爛，所有的可能都在等著你。當你大膽假設時，許多平時意想不到的事，也都變成可能。

所以，選擇讓想像做一次高空飛行吧！

西元一九九四年左右，我在法蘭克福書展上看到一個設計新穎的旅行地圖，這種地圖摺起來只有巴掌大小，正好放在口袋中；而打開時約莫有B4大小，適合旅行者在戶外使用。更重要的是，它的摺疊方法，極其方便自然，打開時像爆米花一樣爆開來，收起來時又縮回原樣，完全沒有一般地圖，打開了不易摺回去的困擾。當時這個老闆只有一個小攤位，他告訴我：他的產品有專利。

西元二〇〇四年，當我再到倫敦書展時，我赫然發覺，這家公司已經變成一家大公司，名為MAP Group，攤位氣派。十年後再見這個老闆，他告訴我，他已經拿下英國百分之三十的旅遊地圖市場，他生產的Popout旅遊地圖賣遍了全世界。

這是一個活生生的創業故事，從創業者的一個想像出發，從無到有，從小到大。在我跟這位老闆的對話中，我更知道他的創業是從倫敦近郊的巴斯（以古羅馬浴池聞名）開始。他設計了巴斯的旅遊地圖，在巴斯的街上擺攤向遊客販售，不時還要躲警察。那時他發覺地圖難摺，於是設計出後來的Popout Map；更有趣的是，他原來的工作是個飛行員，只不過不想再因飛行而遠離家庭，因而決定創業，一切都從想像開始，當想像力飛翔，他的創業故事也與時俱進。

這個故事充分說明「想像」的經濟價值。想像從一個念頭，變成夢想推演，再從夢想推演，延伸成具體的行動方案，再化為實踐體驗。如果再加一點幸運，就會變成一個成功的創業故事，想像、想像力，通常是所有故事的源頭。問題是，對未來充滿憧憬的你，除了憧憬之外，你有想像與想像力嗎？

其實大多數人是缺乏想像與想像力的。報明年的業績，你只能從今年的業績，往上酌加一點，甚至還怕保不住今年的業績。談行銷，你只能就過去所做過的事，重新組合再做一遍；規劃新產品，你通常也只是從過去的經驗，推估未來的銷售量，極可能還充斥著過去失敗的想像，不會有令人興奮的規畫。對你自己的未來，你就更審慎了，現況是安定的、是安逸的，就算所有的分析都告訴你改變大有可為，但是你還是思前想後，不能放手一搏。

想像其實只是態度，當你用積極的想法（positive theory）時，你的想像力便豐富起來，所有的可能都會出現。當你對所有的事都好奇時，你會發覺這個世界變化萬千，璀璨絢爛，所有的可能都在等著你。當你大膽假設時，許多平時意想不到的事，也都變成可能。

想像其實只是一種假設，我做任何事都要問，如果做成功，成功的果實有多甜美，如果期望值夠大，我們才會做，也才值得做。問題是，如果我們沒想像，我們不會對任何事有熱忱、有興趣的。

當然想像只是「大膽假設」，一旦要付諸行動，更要「小心求證」。我們不能只憑想像就下手，但是如果沒想像，就永遠不會行動。做任何事之前，先讓想像飛翔吧！

後記：

Popout的旅遊地圖，是一個極精彩的創意，靠這個創意，這家公司能在大手如雲的旅遊業界獨樹一格，來源就是老闆的想像力。

「有夢最美，希望相隨」是流行話語，而想像力也是其中的動力來源。沒有想像力，是把自己自囚在斗室之中，有何樂趣呢！

70. 你可以選擇不同的生活……

每個人都想工作輕鬆，想擁有不一樣的生活，這當然無可厚非，也無是非對錯。有些人可能工作繁重，但內心卻自由而輕鬆；有些人選擇了輕鬆的工作，但卻永遠受制於人，而無法活出真正的自我。

如果是你，你想要選擇的是什麼樣的生活？

一個表現非常傑出的年輕人，我想提升他為主管，沒想到他竟然拒絕，他告訴我：「何先生，謝謝你的好意，但是我不想像你一樣辛苦，我想選擇不一樣的生活！」

當下我無言以對，走出自我，尋找不一樣的路，似乎是當今社會當紅的人生觀，我怎能否定呢？

我想起當年我決定考預官的情景：大學畢業時，我因對政治思想科目不耐煩，決定放棄預官考試，去當大頭兵。但就在考前一週，我想到如果當大頭兵，我要被班長、排長、連長管，完全沒有自我，一年多受制於人的生活，日子要怎麼過呢？念頭一轉，我決定考預官，我花了幾天，生吞活剝所有的考題，我考上預官，也找回了一年多能夠自我管理的當兵日子。

年輕人看到我工作的繁忙，看到我壓力的沉重，但他沒有看到我工作中的自我，我只做我相信的事、只說我相信的話；工作中我能商量、會妥協，但我絕不會出賣良知；我用我喜歡的方法，管理我的團隊，我擁有自我，我自主管理。

不論什麼職位，在組織中，我都全力以赴，以期表現傑出，我要的不只是升官加薪，說真的，那並不重要，我真正要的是，我能取得發言權，讓組織按照我的邏輯走，當我越被組織認同，我的空間就越大，我的自主管理就存在，我所有的努力，只不過是想活出自我。

年輕人想工作輕鬆，想擁有和我不一樣的生活，我無可厚非，既是選擇，就無是非對錯。問題是，他不知道我工作繁重，但內心自由而輕鬆。而他的選擇可能是工作輕鬆，但永遠受制於人，是不可能真正活出自我的。

更何況，如果他碰到一個像我一樣的老闆，知道他對未來沒想像，對成長無指望，我給他的工作一件也不會少；但好的機會、好的舞台，也絕對輪不到他。結論是，他不可能輕鬆，也不會有不一樣的生活，但在組織中卻會被邊緣化！

選擇不一樣的生活，是令人嚮往的，也是好的人生抉擇。但要選擇不一樣的生活，就要離開組織，去流浪、回家種田都可以，絕對不是又要留在組織中，又想用和組織不一樣的工作態度、生活哲學，來找回自我。

我一向的態度是，不和組織對立，組織步調快，我步調更快；組織談獲利，我努力賺更多；組織有理想，我理想更高遠。目的無他，就是要用最簡單的方法，擺脫組織的糾纏，找回自我。當然我一旦取得組織的關鍵地位，我甚至有機會改變組織的邏輯，真正找回自我，得到想要的生活。

每一個人都可以選擇不一樣的生活，但在組織中不能！活在組織中，你只能順應組織的邏輯，用更好的工作效率，得到組織的肯定，也同時得到更大的空間，這樣你才有機會找回自我，得到想要的生活。

後記：

這也是人生態度的爭辯，我發覺太多人在富貴功名與輕鬆生活之間徘徊。我的答案還是一樣，要不就離群索居，遺世獨立，那才有自己過生活的可能，但這也表示要辛苦的自給自足：那是遙遠的農村時代。

否則在現代社會中，在公司中，要不就積極進取，升官發財；要不就被邊緣化，隨時被淘汰。

71. 追隨內心的呼喚

如果是真正的「內心的呼喚」，就算再辛苦也要樂在其中。

年輕的小朋友常會誤用「追隨內心呼喚」的定義。一個小朋友告訴我旅遊是他最喜歡的，為了旅遊，他不惜犧牲工作。

我回答，有誰不喜歡旅遊？但如果旅遊是工作，你還喜歡嗎？想想看導遊，每天在旅遊，但你喜歡嗎？

真正的內心呼喚與喜歡，是指充滿熱忱、懷抱理想，有一個願望要完成，而不只是表象的享樂。

有一個非新聞科系的學生來應徵攝影記者。他完全沒有實務經驗，只是因為喜歡攝影。同時還有許多位應徵者，條件都非常好。我實在沒有用這位非本科系學生的理由。但他告訴我，他實在太喜愛攝影了，幾乎任何時間，相機都不離手，在拍照的時候他得到最大的快樂，希望我能給他試用的機會。我決定讓他一試。結果他幾乎成為我記憶中最好的攝影記者之一。

我見過一個財務金融系的高材生，她也擁有會計師執照，但是她從來都沒有從事財務會計工作，她進了媒體，做上市櫃公司的財務分析。後來與朋友一起創立了財務資料庫公司。她是我見過的最專業的財務分析人員，對上市櫃公司的財報瞭如指掌，任何一個小錯誤，她都能發現，而她的資料庫公司也廣被信賴，獲利極佳。

用專業的工作者，本科、本系、學有專精，這是一般的用人邏輯。但是興趣、熱忱、投入則是另一個關鍵。當一個人做他有興趣、有熱忱的事，他會全力投入，得到最好的結果。

我從事的媒體工作，就是一個最講究興趣與熱忱的工作。我告訴所有的新進者：這是一個有理想色彩的工作，如果你沒有想法、沒有改變社會的動機，千萬別進此行，因為複雜、危機、辛苦，而待遇不高。

年輕的小朋友常和我探討他們的迷惑，尤其當有幾個工作機會選擇時，在待遇、環境、工作內容之間，困惑不已。我的回答通常很簡單，傾聽自己的內心的呼喚，這應是最重要的思考因素，什麼是你的興趣？什麼是你內心最深的想望？什麼是你覺得有意義的事？那才是你最應該去做的事！不要在乎錢、在乎環境，不要在乎外在的牽絆！

但什麼才是真正的「內心的呼喚」？年輕的小朋友常會誤用。一個小朋友告訴我旅遊是他最喜歡的，為了旅遊，他不惜犧牲工作。我回答，有誰不喜歡旅遊？但如果旅遊是工作，你還喜歡嗎？想想看導遊，每天在旅遊，但你喜歡嗎？真正的喜歡，沒有條件，再苦也樂在其中。真正的喜歡，充滿熱忱，懷抱理想，有一個願望要完成，不只是表象的享樂。

現實是阻斷「內心的呼喚」的另一個殺手。許多人暫時放下「內心的呼喚」，因為現實不許可！許多人會說，當我賺夠了足夠的錢，當我有了成就，我再去追逐理想。因為現在所做的事是「事業」，一旦事業有成，我再去完成「志業」，許多中年人，許多占住重要職位的人，都這樣說、這樣做。問題是一旦你遷就現實，很可能就一輩子錯過了「內心的呼喚」！

天下沒有餓死人的。你所謂的現實，其實和年輕人把享樂誤當有興趣沒兩樣；戀棧現在，其實只是要有更多錢，只是受到物欲的勾引，但物欲的滿足，能讓你真正快樂嗎？

傾聽內心的呼喚，追隨內心的呼喚，不論今年你幾歲，不論現在你有多少錢，忘記你現在的職位，別再等待！

後記：

內心的呼喚很重要，每個人都要傾聽，但請注意，也有很多虛假的內心呼喚，千萬別被騙了。

當我們工作不順利時，當我們心情的低潮期，我們很可能對現狀不滿、對現實厭倦。這時候虛偽的內心呼喚就會油然升起：現在的生活不是我要的，我要重新尋找真正的興趣。

虛偽的呼喚很容易辨認，因為沒有真正的想望，也沒有真正的興趣，只要丟掉現況。千萬別因虛假的呼喚而離開現有的工作。

72. 寬恕、諒解、海闊天空

面對壞事，該怎麼辦？抱怨、生氣是大家最常見的反應，但之後呢？要記恨嗎？要報復嗎？還是能有最高境界的「相逢一笑泯千仇」？忘記是最簡單的方法，把壞事掃進歷史的垃圾堆吧！

一個小朋友來「倒垃圾」，他很不甘心，籌備了許多的活動，事前一再的檢查，一再的演練，一切都那麼完美，但誰知道一場大雷雨，打亂了一切步驟，破壞了所有的努力！尤其不甘心的是，偏偏雨只下那麼一小時，事前不下，事後也不下，就只有在那關鍵的一小時來攪局，這不是捉弄人嗎？

另一個小朋友則抱怨，相關的單位不配合，太本位主義，堅持流程，不肯做一些妥協與讓步。以至於他的事情無法如期完成。我問他：你一切都照流程來嗎？他回答：我只不過晚一天，況且又不是因為我的錯，是作者晚一天交稿，其他單位為什麼不能通融呢？

另一個小朋友氣沖沖的準備打官司，因為已簽約的作者琵琶別抱，而且還放話說公司的不是。我問他：打完官司，然後呢？他回答：出氣啊，也可以讓作者知道，出版社不是好欺負的！

三個完全不一樣的案例，但是劇情的本質都一樣：當有壞事降臨，該怎麼辦？這三種反應都常常發生在我身上，但隨著年紀的增長，我嘗試學會不一樣的對應方法，雖然一直到目前為止，也還是常常暴跳如雷、常常義憤填膺、常常破口大罵！但真正的行動、真正的反應，往往要慢好幾拍，好讓我自己冷靜下來，因為對這些事，我真正的反應是：釋懷、諒解與寬恕！

對不可抗力的意外，對不可測的疏失，就算有人該負責，但當事人也十分自責、懊惱，這個時候，生氣、憤怒都沒用，反而只會讓所有的工作者更傷心。這時候正確的態度是釋懷、是一笑置之、是對老天爺說：「你沒看到我這麼努力，竟然開我這麼大的玩笑！你欠我，有一天要賠我！」用時間來忘記不愉快，轉個念頭，世界會更美好！

第二種狀況，需要的是自省與諒解，每一個單位按規定辦事，每一個人都有不同的思考，不可能每一個人都對你所發生的事感同身受，當別人的想法和你不一樣，用非你所期待的方法來回應，讓你覺得受到不公平待遇，但追根究柢，對方也沒錯，其實我們無法怪任何人，這時候每個人都會不平、都會不滿，但我們真正需要的是：諒解！諒解對方的立場、諒解對方的為難、諒解制度的僵化、諒解主事者有不能克服的角色扮演……。

第三種壞事，我們面臨的可能是背叛，可能是被不合理的算計，可能根本對方就是壞人，這個時候司法可能是唯一的途徑，也可能是必然的方法。問題是司法能否討回公道？這是我冷靜下來之後，常常思考的問題，贏了官司、贏了面子、得到賠償、贏了裡子……，到底是哪一種結果？但大多數我發覺，其實什麼也得不到，或者應說打官司，也許可以得到一些回饋，但通常會付出機會成本，其實不划算，因此，寬恕通常是我的選擇，我把別人的不義，當作是對我的「自然債務」，老天爺有一天終究會要他償還的。

後記：

人類社會是個小圈圈，撞來撞去，都會遇到熟人。有時候我們不小心結了冤家，心想反正以後不碰頭就沒事了。誰知道，山不轉路轉，又撞個正著，這時候，冤家要如何面對，就看每一個人的態度了。

我通常選擇遺忘、選擇原諒，我還記得我對一個自以為是我的仇人說：「你放心！我記性不好，我們從現在開始重新當朋友，過去的事就算了吧！」

73. 你放棄了嗎？

我一生創辦了數十種雜誌中，最煎熬的雜誌虧損了七年，再其次有五年、有三年，一般也要虧損一年左右，只有極少數的刊物，能一戰成功。在這虧損的日子裡，我與同事最深刻的對話就是：你放棄了嗎？

在煎熬中，總有許多同事會來向我辭職，因為無法忍受暗無天日的虧損折磨，他們雖然只是打工者，但公司經營的辛苦，他們看在眼裡，感同身受。更痛苦的是，產品不成熟、讀者少、得不到認同、工作沒有成就感，日子一久，選擇離職，理所當然。

這時候，我與他們最關鍵性的對話就是：「你放棄了嗎？」我要確定的，是他們並不是因為其他個人的原因而離職，而是因為目前的陷落、目前的痛苦。如果是這樣，我更要確定他們是否決定要向失敗投降。

很多人最後留下來，很多人選擇走，我不能改變，也不能勉強，但在這其中，我深刻的體會到「樂觀看未來」的重要。

人生有起有落，有好時光，有壞日子，好壞相連，禍福循環。每個人都會過好日子，但只有少數人能正確面對壞時光，能從陷落的生命中奮起，而其中的關鍵就是正面看待未來，對明天抱持樂觀的想法。因為樂觀，你可以在黑暗中，仍然摸索前進；因為樂觀，你可以在最後一刻仍然不放棄、奮力一搏；因為樂觀，你可以在痛苦煎熬中仍然鬥志昂揚；因為樂觀，你也才有機會在絕望中，發出救命聲，讓上帝有機會聽到你的呼喊。

小朋友告訴我：我是一個無可救藥的樂觀主義者。我猛然驚醒，為什麼會這樣呢？我確實看任何事都從好的方面想。遇到壞的事，我會說：總會遇到的，我今天遇到了壞事，明天就應該不會再壞了。如果明天又遇到，我會想，已經連兩壞，後天就應該會變好；如果後天又遇到壞事，我會跟上帝說：我已經遇到這麼多壞事，上帝你應該公平點，要記得還我。當然我也認為：人的一生所要遇到的壞事總量是固定的，每遇到一次，未來我遇到的壞事就少一次，因此「遇壞則喜」，因為又過了一關。

讓我保持樂觀，還有另一個原因。那就是「忘記」。遇到挫折、遇到壞運氣，我常覺得事情已經發生了，後悔、生氣又有什麼用，就認定這個事實吧！忘記這個不愉快的經驗吧！留一點力量去想怎麼解決，不要懊惱、不要生氣。因此在最困難的時候，通常我會回家睡一覺、養精蓄銳之後，再回來面對困難。當然也可能事情太嚴重，處境太艱難，回家也可能睡不著。這時候我就會採取另一種方法，去打一場激烈的球，把自己累到筋疲力竭，用身體的勞累，逼自己放鬆睡覺。醒來後，再放手一搏。

我知道要保持樂觀，並不太容易，尤其當生命陷落時，問題是，悲觀、生氣、惱怒、擔心，絕對於事無補，只會讓你更跌入黑暗的深淵。樂觀會使我們支撐到最後一刻，會使我們絕不放棄，不放棄才有機會逆轉，機會永遠是留給存活最久的人。

後記：

在商場上，我看多了陰錯陽差的故事，有人撐不過，從此身敗名裂；而有人撐過了，又呼風喚雨，這一線之隔，天壤之別。其關鍵在於當事人是不是放棄，放棄就蓋棺論定，比賽結束。

在逆境中絕對不能放棄，絕對不能讓比賽結束！

74. 認輸逃避的名字是「這不是我的興趣」

每一個人該認清低潮的自己、懦弱的自己、想不開的自己，逃避是理所當然的，認輸也是可能的。

只不過沒有人會真正用「認輸逃避」做為理由，因為這理由太差勁了，表示自己吃不了苦、禁不起考驗，於是乎「興趣不合」變成每一個人最常用的理由。

因為買房子的緣故，認識了一個相當認真負責的房屋仲介業務員。最近他認真的向我請教轉業的事。我問他：「你不是做得不錯嗎？」為什麼想轉行？他回答：「現在我對買賣房子已經沒有興趣、沒有熱忱！」我再問：「那你對什麼事有興趣？」他說還在想，不知道。

這個劇情我見過太多了，也太熟悉了。我繼續問：「你最近的業績好嗎？」「不好！」和我的猜測完全一致。「你過去的業績好嗎？」「曾經很好。」「那你過去對賣房子有興趣、有熱忱嗎？」「那是剛開始的時候，大陸的政府不打壓房地產，相較現在，生意好做多了。」他的回答也合乎我的預測，他其實並不是因為興趣不合而想離開，而是因為挫折，耐不住寂寞！

我沒有直接告訴他我的想法，怕打擊他的信心。但我提供了幾個思考方向：

一、確認自己對什麼事有興趣，而這件事又可以當事業經營。

二、確認對現在的工作沒熱忱、沒興趣，是不是受了環境不佳、生意不好做，以至於業績不佳、獎金不多的影響？

三、回想一下，過去業績好的時候，你是否覺得對房地產充滿熱忱呢？

這位小朋友還沒有給我答案，但根據我的經驗，百分之九十以上的原因是，他根本不是沒興趣，或者說，他根本不知道自己對什麼有興趣，做房地產，也還OK！只不過隨著市場起伏，隨著業績波動浮沉，就沒信心了。現在想離開，只不過是用「沒有興趣」來迴避認輸逃避。大多數的人，面臨生涯挫折、陷落時，都用「興趣不合」做為逃避的代名詞。

我也曾經陷落過，我也曾經想轉業，只不過上天眷顧我，當時我想不出有興趣的事，也正好沒有其他的機會，而我又家無餘糧，不能辭職慢慢找答案，只好繼續做。而後來，陷落過去了，心平復了，我又發覺我對原來的工作還是充滿熱忱！

這些都是一時一地的起伏。每一個人該認清低潮的自己、懦弱的自己、想不開的自己，逃避是理所當然的，認輸也是可能的。只不過沒有人會真正用「認輸逃避」做為理由，因為這理由太差勁了，表示自己吃不了苦、禁不起考驗，於是乎「興趣不合」變成每一個人最常用的理由。

其實事實的真相十分容易檢驗，因為如果真的對某事有興趣，願意成為你的事業或志業，你會很清楚知道你要做什麼，你也很清楚你的目標是什麼，而不是只知道「這不是我的興趣」，對什麼有興趣卻一無所知。

老實說，真正對某件事有興趣，而傾一輩子去追逐的人少之又少，這種人都是人中龍鳳。而大多數人都是在隨緣下接觸一件事，熟悉一件事，習慣成自然，終於喜歡這件事，最後因為這件事，而成就了自己一身的事業與志業。

最悲哀的人則是禁不起挫折的打擊，跨不過生命陷落的缺口，而退縮、而轉變，學書不成，學劍也不成，回首一生，啥都不是。

沒有人會認輸，沒有人會逃避，因為理由都是「興趣不合」。弱者通常一輩子找不到自己真正的興趣！現在你正在尋找自己的興趣嗎？

後記：

我一生只做一件事：媒體工作。但內容有無數的轉換，可以是記者，可以是編輯，也可以是業務、發行、企劃等等，所有的變動都是在同一個行業中。我也常有低潮，但我堅持，不輕易轉變。最後在這個行業中，我累積了可能的最大成果。

原因無他，我克服了無數次「這不是我的興趣」的直覺判斷！

75. 營造自己的世外桃源

如果你是一個主管，不論你的部門是三個人，或者三十個人，你都有一定的空間，在外在混亂而不上軌道的公司中，營造你自己的桃花源，而你要做的就是理解公司的不足，少去抱怨公司的無能，把有限的精力，用在部門內的流程與效率改善，讓你的團隊、你的部屬，在你的羽翼下，努力的改造現況，追逐更好的績效；你無力使公司變成最好的公司，但可以使你的部門變成最好的部門，而你就是那個能改變現況的最佳主管。

在我創業的過程中，公司從來就沒有井然有序過。所有的主管都向我抱怨，公司沒制度，公司人手不夠，公司的做法沒有規範，公司的規定不合理。通常我都無言以對，因為他們說的都是事實，在我資源有限的時候，我只能把有限的資源，投注在關鍵的流程上；至於非關鍵的工作，我只能聊備一格，能做多少算多少，不能用正規的方法、配備必要的人力、給予應有的對待，因此公司沒制度、不規範，這絕對是真的，同事的抱怨，也都是對的。

但是我也見過不抱怨的主管。這個主管在十分緊急的狀況下，出任一項艱鉅的職位，前任行銷主管因故離職，這位主管在我的請託下勉強上任。但在後來的兩年中，他成為我經驗中最佳的行銷主管。用最有創意的方法，做了許多近乎免費的行銷活動。借重外部的協力夥伴，發揮整合行銷的效果，創造了很多令人意想不到的成果。

最讓我意外的是，他從來不抱怨公司資源少、行銷費用不足（這是所有行銷主管都會做的事）。有一次到大陸辦一次大型的行銷活動，我真正見識到他的工作內涵。由於出門在外，能帶的人手極少，但他有條不紊的安排每一個人的工作，再加上他自己，用最有效率的方法完成任務。他的團隊是一個默契十足、緊密結合的高效率團隊。完全沒有我公司常見的混亂，他用他自己的方法，在一個不上軌道的公司，營造出適合自己工作的世外桃源。

這個案例，讓我體會到一個傑出的主管，應該有能力改變環境。要在職場中，尋找一個理想的工作環境，幾乎是不可能的（任何組織都有缺點）；與其不斷的抱怨組織的不足，協力單位的不配合，資源的不充分，不如把環境當作不能改變的前提，用自己的力量，用自己的方法，嘗試改變與突破，這才是傑出主管的本色。

事實上，當許多主管向我抱怨時，我是無能為力的，許多組織上的不足，是公司的現況做不到，而不是不為。因此面對抱怨，我只能難過。前述那位傑出的行銷主管，其實他明白所有的實況，他不願讓我為難，他把公司的不足，當作不可改變的假設，然後在這個基礎上，用他自己的力量，尋求解答，他無力改變整個公司，但他可以在他自己的部門內，創造一個適合他以及他的部屬的工作環境的桃花源。當然在這樣的認知下，他的工作成果，比起許多其他的單位來說，都要傑出許多。

如果你只是一個工作者，自己能掌握的因素太少，自己的空間太小，因此要塑造自己的世外桃源的可能性不高。但是，如果你是一個主管，不論你的部門是三個人，或者三十個人，你都有一定的空間，在外在混亂而不上軌道的公司中，營造在你以下的桃花源，而你要做的就是理解公司的不足，少去抱怨公司的無能，把有限的精力，用在部門內的流程與效率改善，讓你的團隊、你的部屬，在你的羽翼下，努力的改造現況，追逐更好的績效；你無力使公司變成最好的公司，但可以使你的部門變成最好的部門，而你就是那個能改變現況的最佳主管。

後記：

危邦不入，亂邦不居，旨哉斯言，但如果舉天下皆危邦怎麼辦？有的人期待找一份安定的工作，找一個營運良好、制度健全的公司，但這太難得了。待在危邦中，又要快樂工作，營造自己的桃花源，這是我苦中作樂的方法。

76. 大氣、骨氣、志氣

大氣，指的是氣量寬宏，也就是心胸寬大，和心胸狹隘的人相處一輩子，絕對痛苦，因為夫妻要相互忍讓，大氣的男人，才能託付終身。

骨氣，指的是有自己的原則，有自己的看法，絕對不為名為利，委屈妥協，扭曲公理正義。

志氣，是要對自己有期待，對未來有想像。

一個年輕人帶著她的男朋友來看我，因為他們考慮要結婚了。在沒決定前，希望我這個老長官幫她鑑定一下。

我沒有告訴她，我對她男友的看法，但是我提供了三個檢查標準：大氣、骨氣、志氣，請她自己判斷。

大氣，指的是氣量寬宏，也就是心胸寬大，女孩子選丈夫，就好像買樂透一般，誰知道那個很愛你的男朋友，未來會不會變成「狼人」，會受到什麼引誘。但和心胸狹隘的人相處一輩子，絕對是痛苦，因為夫妻要相互忍讓，大氣的男人，才能託付終身。

骨氣，指的是「富貴不能淫、威武不能屈」，也是孔夫子所說的「造次必於是，顛沛必於是。」有自己的原則，有自己的看法，絕對不為名為利，委屈妥協，扭曲公理正義。做丈夫的就是要讓妻小倚賴，一輩子挺不起腰桿的先生，不要也罷。

志氣，是要對自己有期待，對未來有想像。不論自己現在有多艱難，處境有多卑微，一定不會喪失信心，不斷努力向上，青雲有路志為梯，深信明天會更好，這是做為先生、丈夫的志氣，也是一家人未來的指望。

老實說：能符合這三項標準的男孩子實在太少，是稀有動物，根本找不到，但我的意思是：只要有心，用這三項標準來自我要求，來成長學習，期待未來能成就這三種特質，就是值得女孩子託付終身的對象。

其實這三項標準不只是用在擇偶上，也用在職場中，不論男女，都可以用這三項指標自我檢視。

職場中，你很容易發現到處存在著小鼻子、小眼睛的人，只算自己的利益，只算眼前的利益，為了比隔壁的張三，每個月少五百元薪水，就憤憤不平；因為主管沒注意到你傑出的表現，就認為組織不公平，主管是昏君；小算盤打得精，充滿了街頭小聰明，但缺乏大處著眼的決斷，缺乏氣派恢宏的策略思考，這種人成不了大器。

更多的人諂媚老闆，鑽營苟且，只希望獲得主管關愛的眼神；還有的人為了「五斗米折腰」，完全沒有原則，是非不分、事理不明，這種人在組織動亂之際，也是沒有骨氣的人。

當然你也很容易發覺，還有許多人只是領一份薪水，對未來沒有想像，做起事來，但求無過，不求進取，反正天塌下來有高個兒的人頂著，組織中充斥著這種打混、摸魚，過一天算一天，沒有志氣的人。

工作者要能以「大氣、骨氣、志氣」自我要求、自我期待。而主管也要能以「大氣、骨氣、志氣」的標準，選才、育才、用才、留才，組織才能欣欣向榮。午夜夢迴時，每一個人不妨捫心自問，自己是什麼樣的人？

後記：

我討厭小心眼的人，我不齒沒立場、沒原則、貪生怕死的人，我看不起對自己沒期待的人。其實我不知道，把這三項條件用在擇偶上對不對，但我確定我是這樣自我要求。而這其中，最重要的又是骨氣，因為小氣只讓人相處不愉快，沒志氣則只影響個人的前途，可是沒有骨氣則是品德低下的小人，根本不值一提！

77. 精明算計後手放開：關鍵時刻放下屠刀

這個祕密在我心中藏了許多年，從此我知道自以為聰明絕對是災難，我更知道力不可使盡、勢不可用絕，在精打細算之餘，應給對手留些餘地。如果讓自己的貪婪恣意橫行，一旦跨越了對方的紅線，一切算計都會變成鏡花水月……。

一個同事曾經說了一句話，讓我思前想後，琢磨再三，久久不能忘懷。

那時公司正在洽談一樁生意，而我是談判代表，標的物是一本創辦很久的刊物。原有的創辦人因年事已高，不想再做，詢問我們公司是否願意接手。這個刊物是我有興趣的類型，而且與集團內的現有產品有互補效果，所以我使出渾身解數務必談成此案。

對手是個單純、善良的經營者，而且真心誠意想賣掉這本刊物，因此談判尚稱順利，最後只剩價錢。而我則是費盡心思，務期用最低的價錢，讓公司得到最大的效益。

就在這個時候，一個同事開玩笑的對我說：「你不要欺負人家太過分！」聽了這話，我當場愣住。為什麼同事會這麼說呢？難道我努力把價格談低有錯嗎？

我不願追問同事這樣說的原因，我只能仔細的解析整個談判過程，試圖給自己一個答案。

首先我確定，對手真的是個好人，他真的想把手上的雜誌賣掉，也沒有要藉機撈一筆，所以幾乎所有提出的說辭，他大多沒有意見，只求盡快結束這次的談判。

其次，我也確定，我比對手精明太多了，也心思複雜，我不斷的測試他的成交底線，也不斷的嘗試各種方法，找各種理由壓低價格，而且也一再得逞。

想完這兩點之後，我開始覺得我的同事說得有道理，我確實在利用對方的單純、善良，然後不擇手段的「算計」對方。

我並沒有錯，因為我沒有圖謀己利，我是為我的公司在爭取最大的利益，我所有的努力，都是做為一個專業經理人合理而必要的作為。只是這個作為，看在旁人眼中，我可能做得「太超過」，就連我的同事，都會用開玩笑的口氣，提醒我別太放縱、別步步進逼。

我開始精算購買價格的合理性，我發覺其實我已經談出了一個不錯的價格，只不過我覺得還有降價的空間，才會鍥而不捨持續議價，我是真的「太超過」了。

確定我自己正在做「趕盡殺絕」的事後，我決定放手，就此與對方簽約，達成協議。沒想到這位看來單純、善良的對手，在知道我不再殺價之後，緩緩的告訴我：還好你自動停手，否則我已下定決心，如果你再得寸進尺，我就不談了，不論你出多少價錢，我都不賣給你了！

看似單純、溫和的人，其實他飽經世故、看透世情，只有愚昧的我還自以為聰明，覺得有機可乘。我差一點丟掉一個機會，更差一點把自己變成一個狡詐、醜陋的笨蛋。在千鈞一髮之際，我僥倖得到了一個雙贏的結局。

這個祕密在我心中藏了許多年，從此我知道自以為聰明絕對是災難，我更知道，力不可使盡、勢不可用絕，在精打細算之餘，應該給對方留餘地。讓自己的貪婪恣意橫行，讓自己的「聰明」無限上綱，一旦跨越了對手的紅線，一切算計都會變成鏡花水月。

後記：

❶有一位讀者問我，商場上不是你死就是我亡，對敵人仁慈，可能就是對自己殘忍，這種狀況如何對對手寬厚？

這只是把商場模擬戰場，其實商場很少出現這麼血腥而殘忍的狀況。如果是生意的兩造，你賺多他賺少，你全賺他不賺，你還要賺更多、他虧本，頂多也是如此，對手可以選擇退出，甚至找機會討回來，這都是生意的常態，不要把生意想得太戲劇化了。當然也可能有少數面對面的血腥戰爭，如果真會出現生死一線的狀況，這時當然不能手軟，殺了敵人，然後厚葬敵人的故事，也屢見不鮮。

❷如果我們只是不斷自我提升核心競爭力，不斷的擴大市場占有率，而同業逐漸丟失市場、最後出局。這種狀況並不是我們「殺死」同業，而是他們並未跟上競爭的腳步，他們因自己的無法進步而出局，與我們無關。

78. 金錢與內心的平衡：福雖未至，禍已遠離

五十歲以前，通常只算計眼前的利益，從沒想過如何面對自己行為的醜陋與內心的猙獰。五十歲以後，比較能誠實的面對自我，我開始知道：騙得了別人，但自己絕對騙不了自己……。

這則故事說明了我誠實面對自己的過錯、尋求內心平衡的過程。

長假的最後一天，在球場享受了一下午的陽光，在夕陽中開車回家，一切都十分輕鬆美好。或許就是太放鬆了，我差點錯過高速公路的交流道，當我急著轉彎而減速時，就聽到車後傳來緊急煞車的聲音，隨即一輛廂型客車從我左方掠過，車身不斷晃動，顯然開車的人已經控制不住方向盤，接著就看到廂型車撞向路邊的護欄，然後車身倒轉，翻倒在護欄邊。

我被這一幕嚇住了，停下車來，我立即打一一九叫救護車，隨即上前救人，我從車窗中拉出了一車的人，大多數是婦人和小孩，邀天之幸，除了一位小孩的手部

破皮之外，竟然沒有任何人受傷。驚魂甫定，開車的婦人開始責怪我為何緊急煞車，我除了不斷道歉之外，什麼也不能說，雖然兩車沒有擦撞，但確定因為我的減速，使她遭受驚嚇，我有一些責任。

接下來交通警察就來了，經過了所有的勘查，廂型車被拖回交通大隊，我也一起前往，等待警方的裁定結果。

警察在確定兩車沒有擦撞之後，告訴我沒我的事，我沒有任何責任。這個說法當然引起對方的不滿，而且不斷強調，她的車是租來的，她賠不起修車費。

在聽到我沒有任何責任時，我沒有一點喜悅，因為我確定是因為我減速才引起她的驚嚇，雖然她的車速實在太快（警察的說法），以至失速翻車，我覺得我應該負一些責任。

於是我承諾協助她修車，我說了一個我認為一定夠的數目，但婦人不滿意，反倒是警察說話了：人家願意道義上幫忙修車，已經很好了，怎麼還要討價還價？我沒有怪婦人不知足，我同意按她的意思再加些錢。第二天我就將錢匯給了她，結束了一場假日高速公路驚魂記。

這件事情，在其後的一個星期中，一直環繞我腦際，我十分感謝上蒼，真是太厚愛我了。

第一、這可能是一場大車禍，說不定會賠上我自己的性命。

第二、就算我沒事，但對方如果有人受傷、有人死亡，我不論在法律上、在心靈上都難辭其咎。財務還是其次，重點是我心靈上的煎熬，可能讓我終身難忘。

可是上天憐惜我，竟然沒有任何人受傷，這已經是不幸中的大幸，付一些錢，幫對方修好車子，這是我讓自己安心，讓自己為自己的疏忽付出些代價；給自己一些教訓，絕對是應該的，我再一次感謝上天。

我再度回憶起年輕時媽媽的教訓：做人做事，不能對不起任何人，如果自己有錯，一定要坦白承認，否則就算你能逃過外界的制裁，也逃不過你自己內心的自責，而且有一天，上天總會在別的事情上給你報應的。

我不是怕報應，我怕逃不過自己午夜夢迴的不安。因為這會跟著我一輩子，讓我一輩子抬不起頭來。

我又想起另一句話：福雖未至，禍已遠離。我有何德何能，能期待上天賜福，如果能遠禍，就心滿意足了！

後記：

❶這件事發生後的一段期間，我內心無比的安適，我知道我的人生進入了另一個境界，我知道我不需要在眾人之前偽裝自己的良善，我更努力在四下無人之時，我仍可以「慎獨」，不因為別人不知、外界不察，而可以逾越內心絕對的尺度。

❷我真的感激上天的疼惜，因為這件事可以有太多可能的悲慘下場，但卻以最平和的結果出現，這當然是上天對我的厚愛，我既已遠禍，在金錢上付出，也贖我的隱藏性罪過，這自是理所當然。

❸但我仍不確定我是否能永遠如此，如果付出的金額再大一些，我仍願如此做嗎？我更深刻體會堅守道德的困難，因為能否始終如一，是我自己一念之間的決定，而我真能堅定不移嗎？

79. 當下與未來的抉擇：二十五歲看透一生

「二鳥在林，不如一鳥在手」，這是熟悉的道理，但有沒有放棄當下，選擇成就未來的可能？

中國是一塊奇特的夢許之地，美麗與醜陋、失望與希望、傷心與歡喜，雞棲鳳凰、冰炭同爐，每一次的中國行，我都聽聞許多精彩的故事。

有的人六十歲還在和命運之神拚搏，有的人二十五歲就看透一生，不同的人，選擇不同的人生道路，無關對錯，只在抉擇。

有一次，我去了一趟河南鄭州，那是逐鹿中原之地，聽到一個二十八歲年輕人的故事，他不願二十五歲就看透一生，做了人生瀟灑走一回的選擇，在劇變的世界中，走出不平凡的第一步。

一位在鄭州經營房地產的台商告訴我，中國人千奇百怪，大多數都是吃大鍋飯的人，只求平安過一生，但也有少數特殊的人，他們的決心與勇氣，會令現在的台灣年輕人汗顏。他說了一個故事，主角是一位二十八歲的中國年輕人。

三年前這位年輕人二十五歲，在中國房地產相關單位工作，由於是個肥缺，薪水加上相關的補貼，總計每個月有近四千元人民幣的收入。因為工作上的機緣，認識了告訴我這個故事的台商。當時這位台商在鄭州做房地產開發並不久，一切都還在起步階段，但台商身上所擁有的房地產業知識，及先進的行銷理念，讓這位年輕人十分嚮往，主動表達想追隨學習的心願。

由於主客觀環境差距甚遠，台商沒把年輕人的話當真，但沒想到年輕人鍥而不捨，再三表示願意「下海」追逐，這讓台商十分意外。

台商表示：自己的公司只是小公司，能付的薪水只有八百人民幣一個月，而且前景未明，如果營運不善，對員工沒有保障。而年輕人現在的工作薪水高、權力大、外快多，為什麼要放棄呢？

這位年輕人回答：如果在原有的單位做下去，今年我才二十五歲，可是我已經知道我一生的結果，我會慢慢升到科長、主管，我也會分配到一個小房子，然後就這樣過一輩子，可是我不希望這樣過一生，我決定要走不一樣的路。

接下來這位二十五歲的年輕人，說出了更發人深省的話：我不知道你的公司會不會成功，但我看到你們做的事很專業、很到位，這就值得我學習。

從此，這位年輕人，捨棄了近四千元薪資的工作，屈就八百元月薪，但無怨無悔，成了台商最佳的副手，所有最辛苦、最麻煩、沒人要做的事，這位年輕人都甘之如飴。三年後的今天，他二十八歲，台商說：這位年輕人已學會了大多數的工作，剩下的只是人生的歷練還待加強，當然薪水也早超越了原來的四千元。

附帶一提，年輕人原有的單位一年前在中國的體制改革中，變成可有可無的單位，大多數人都「下崗」了。

故事說到這裡已經可以結束了。可是回到台北，打開報紙，盡是多少人又多少人爭搶一個政府釋出的工作的消息，或許這是台灣人務實的領份薪水的態度，但兩相對照，似乎時空錯置，台灣人天不怕、地不怕的拚搏精神為何不見了？

後記：

❶穩定的社會可以選擇安定，因為變動很小，未來的期待不大。但是現在的世界，變動是唯一的不變，選擇穩定的現在，可能連短暫的穩定都不可得。

❷年輕的人一定要看未來，因為不可能年輕時就擁有可觀的既得利益，而未來長路遙遙、想像無限。當然如果已年過半百，或許思考就不一樣。

❸選擇未來其實並不盲目，重要的是心中要有明確的目標，而且目標要符合自己的興趣、要遠大、要有想像力，比較「當下」，就很容易知道你該不該放棄當下，選擇未來。

81. 二十年後，我不快樂

人無遠慮，必有近憂，人生通常是順著眼前的路往前走，短期有目標，可是長期卻缺乏方向，因此一段時間必須用更長的時間，來校準我們的人生方向，不時要問：十年後我會做什麼？五十歲、六十歲時，我會做什麼？

三十四歲那年，我在台灣最大的報紙集團工作，我是經濟新聞的主管，台灣每天的企業經濟新聞都要從我手上發出來；我是台灣經濟新聞的關鍵人物，台灣的企業家都必須要和我做公關，我每天忙著吃應酬飯，經常宿醉不醒。

有一天我一覺醒來，忽然覺得這樣的日子太過糜爛，我問了我自己一句話：繼續過這樣的日子有意思嗎？我還要繼續過這樣的日子嗎？

這是個嚴肅的問題：要不要繼續過這樣的日子，涉及許多現實問題：所得待遇如何？我當時的薪水不算高，但還算不錯。工作我喜歡嗎？採訪新聞、挖掘真相，這倒是我喜歡的。工作受尊重嗎？當然，許多人都想巴結我。想到這，我初步的答案是肯定的。這麼不錯的工作為何不繼續？只不過是生活稍微糜爛、頹廢了些而已！

既然決定繼續做，我就心安了些。可是我接著想起第二個問題：如果繼續工作，那我這一生最黃金的日子，就賣給報社了，我這一輩子就再也離不開了，那如果繼續做下去，我二十年之後，當我五十四歲時，我會做什麼工作呢？這倒是一個值得思考的問題。

我會是報社老闆嗎？我不知為何直覺的想起老闆，或許這一直是我潛在的想望。當然不可能，打工仔永遠是打工仔。我接著想：我會是發行人、社長、總編輯嗎？這些職位如果我運氣夠好，做久了都有可能做到。

問題是當我想到這些職位時，我心中一點都不快樂，不是我不想擔任這些職位，每個職位都是我期待的，可是這些職位都替換頻仍，每一個人都做不了多久，每一個人都是高高興興上任，悽悽慘慘下台，他們落寞下台的身影，讓我印象深刻，這不是我想要的生涯。

我終於認清一個事實，新聞工作適合年輕人，但不適合老人，老人在新聞界只是老闆手中的棋子，隨興擺弄，當我老的時候，願意過這種日子嗎？

當我想清楚這個真相之後，沒多久就辭職了。所有同事、好友都十分吃驚，每個人都問我為什麼？發生什麼事？我不好說出內心話，只淡淡回答，記者做煩了，想換個舞台。

當時，未來要做什麼，並沒有想清楚，可是為何我要先辭職呢？因為我知道如果不立即斬斷所有後路，等我想清楚了，就很可能離不開這個舒適圈。我必須在意念升起時，立即付諸行動，讓我自己退無可退，才能走出另一條人生路。

離開報社後，我暫時在一家雜誌社棲身，思考未來能做什麼？一年後，我就迎來了台灣天崩地裂的大時代：一九八七年解嚴，隨後政黨開放、媒體開放、經濟自由化、外匯管制開放……，這劇變的一年，我下決心創辦《商業周刊》，用一本新雜誌來開啟台灣的新時代，也開啟我的新人生。

後記：

❶我當時思考是否辭職時，立即的決定是要繼續做的，因為日子實在太舒適了，這就是只看短期的盲點。

❷我不是不想做報社高管，高管有權、有名望，當然是好職位，可是無法自主做事，隨時可能職位不保，這就不是我能接受的結果。

❸我遠走創業，是選擇走自己的路。

Chapter 6

自慢私房學

這些私房體悟，
充滿了我個人的感覺，
其實我也不太明白是否具有學理基礎，
但至少在我的人生實驗中是正確的，
就姑且稱之為「自慢私房學」吧！

股票市場講究「人棄我取，反向操作」，當擦鞋童、菜籃族都進場買股票時，就是高檔反轉向下的徵兆，要趕快賣股票。反之就應買股票，這是股票投資的真理。

我不做股票，可是我卻具有做股票的天性。我的看法、想法，經常與大眾背道而馳。許多事，當大家都說不可時，我卻獨具慧眼，勉力而為。有些事則是大眾可欲，是大家都喜歡的事，我卻認為是悲劇。

「太好的事，不能當真」就是這樣，太好的生意，我不敢做；連續發生好事，我會害怕；太大的禮，我不能收；好日子過久了，就快變天了。當然太壞的事，也代表轉變的可能。

獲利極大化，是商場共識。但我會認為：「最後一塊錢，手放開」，留給別人一點餘地。同樣的，面對大眾的質疑、反對，這時候要「Get it done & let them howl!」這是「雖千萬人吾往矣！」在群眾中，當每一個人都瘋狂時，我告訴自己，要冷靜，不能隨樂音起舞！

在一生中，我曾經歷內心最大的一次轉折，就是從一個不相信管理的人，幡然悔悟，變成一個相信管理的人，這是一場創意與管理的大論戰，但沒有人和我辯論，是「文字工作者何飛鵬」和「經營者何飛鵬」的論戰；也是「工作者何飛鵬」和「創業者何飛鵬」的討論；當然還有「創意者何飛鵬」與「執行者何飛鵬」的討論，這場兩種角色的內心大辯論，徹底改變了我。

論戰的結果，管理者沒有贏，但讓我學會了管理；創意者也沒有輸，但讓我知道了什麼時候該要收斂創意至上。

論戰之後的最大贏家是公司，因為我從一個不會經營公司，老是賠錢的人，變成一個有效率的經營者，賺錢是自然不過的事。

〈當我不再相信創意之後〉是描述我整個改變的過程，我需要對創意思維大破，才能啓動對管理思維的大立，我被所有的文化創意人視為背叛者，但我用團隊效率與經營成果的改變，讓同業閉嘴。

〈創意形成與創意的執行〉則是一篇釐清觀念的文章，這篇文章之後，我內心的辯論也就結束了。事實上，外界對我背叛創意的質疑也從此煙消雲散。

這些私房體悟，充滿我個人的感覺，其實我也不太明白是否具有學理基礎，但至少在我的人生實驗中是正確的，姑且稱為「自慢私房學」吧！

82. 太好的事，不能當真

「樂極生悲」是人人皆知的成語，「利多出盡」是股市通路的行話，意思都差不多，代表太多好事之後，一定有壞事出現，狂喜之後，必有大悲，面對好事，一定要小心。

一個朋友聊到大陸的一個投資案，是一個工業用氣體的生意，在同一個鎮上，有幾個工廠，有一個工廠會產生大量的廢氣，另幾個工廠則需要使用氫氣，現在都是用桶裝，從外地買來。這個計畫是回收廢氣，純化成氫氣，再鋪設管線，直接賣給其他幾家工廠，由於距離短、省卻長途運輸費，非常有效率，因此，這個氫氣投資計畫回收非常快，總投資人民幣兩千萬元，大概八個月就可以回本，而且下游使用者的價格已經較其現在購買價打了六折，這真是一個雙贏的計畫。

對這個計畫，我們共同的結論是：「Too good to be true.」（太好，以至於不會是真的）因此遲遲不敢下手。

另一個故事，則發生在另一個朋友身上，一個裝潢良好，位在台北鬧區的餐廳，要以非常便宜的價格出讓，價格好到買下來，立即轉手都有錢可賺，幾乎是閉著眼睛賺錢的好生意。這位朋友迫不及待的買下來，結果這根本是黑道設下的陷阱，從此脫不了身。我們不解，平常聰明的朋友，為什麼會做笨事？他說：看到好生意，鬼迷心竅！

每一個人都在期待好運，期待好事發生在自己身上，期待上天掉下來禮物，讓我們有意外的驚喜、意外的收穫。但真有這樣的事嗎？我的經驗是沒有，就算有，我也不敢想、不敢承受。因為如果真有這麼好的事，我不可能是第一個看到、發現的人，那麼在我之前發現的人，難道他們是笨蛋嗎？為什麼沒有捷足先登？不！一定是其中有什麼風險，我沒有看到、沒有察覺，因此別人也不敢，機會才留給我，我沒有三頭六臂，這種太好的事，我最好也不要碰！

「太好的事，不能當真」是我一向的邏輯，尤其是意外插入與我本業工作無關的好事，絕對不會是真正的好事，絕對不能當真。

如果與本業有關，你在某一個工作或行業中待得夠久，你會遇到困境，當然也會遇到好事，你會意外得到一個好生意，這是可理解的，這是你守候很久，夠有耐性的回報。但通常這種事不會是「Too good to be true」，也是你能力範圍內能解讀的。

但與你本業無關的好事、太好的事，絕對不能當真，否則一定會深陷泥淖。這絕非悲觀，一般人不會忽然去做一件與本業不相干的事，通常會去做的原因是貪心，因為覺得太好賺、太容易搶到錢，以至於鬼迷心竅，一頭栽入，結果被隱藏的風險困住，不得翻身。

不只在生意上太好的事，不能當真；在工作上，我也有敏感的、預先綢繆的警覺與悲觀，每當產生一件好事，我會敏感的認為接著可能要有壞事發生，因此要更小心。如果是天大的好事，我更會告誡自己，這可能是「利多出盡」，福兮禍所伏，禍兮福所繫。老天爺是公平的，好事是糖衣，好事是迷幻藥，通常在順境中，我們都會種下禍根。至於太好的事，絕對不能想、不能看，因為極可能是陷阱！

後記：

曾經有個老闆想要買一家公司，但仔細分析後，這個生意實在太好，好到覺得其中必有陷阱，因而決定放棄，事後證明那根本是個騙局。

所有的金光黨、所有的騙術，利用的都是人的貪心，因為貪心，所以上當，所有的人都難免鬼迷心竅。在這方面，我是個悲觀主義者，不相信好事，或根本認為不可能有好事，才能免於上當。

我只相信千辛萬苦之後，所得到的東西，才是真的。只有辛苦錢，沒有快錢，也沒有容易錢，這樣反而最安全。

83. 朋友從今天開始交往

大多數人畏畏縮縮，對陌生人害怕，覺得不認識的人很難溝通，很難講得上話，這是為什麼「陌生拜訪」是銷售行為中最困難的一項。事實上，只要自己胸襟開闊，不畏懼陌生人，陌生人也就不會拒絕你於千里之外，就把陌生人當今天開始認識的朋友吧！

一個主管來拜託我，希望我替他打一個電話給一位業界大老，詢問一位離職員工的狀況，這個離職員工曾是這位業界大老的助理。我問這位主管，你為什麼不自己打呢？你應該也認識他。主管回答：對方是大老，而且我和他不熟，不好意思麻煩人家！

類似的情境，一個行銷主管希望我幫他介紹一位企業界的朋友，他有一個聯合行銷案，要和這個朋友的公司合作，這個行銷主管一再強調，這是一個非常有創意的案子，對雙方的公司都很有利。

我問這位主管，如果是這麼好的案子，你應該可以說服對方，為什麼需要我幫你介紹？他的回答也是不認識對方，不好意思！

這兩個案例，我都拒絕幫他們介紹，他們只好自己打電話，但結果一樣，他們都順利完成任務，並且擴大了自己的人脈！

根據我的經驗，大多數的年輕人，臉皮薄、怕麻煩別人，就算有事需要別人幫忙，也不敢開口，通常都需要透過別人輾轉介紹，繞了一大圈遠路，最後才搭上線。曠日廢時不說，更多欠了很多人情。

年輕的我也是如此，不認識對方，害羞、不敢開口。直到有一次，我實在找不到任何的中間人幫忙，只好硬著頭皮拜訪，沒想到對方一口答應，而且丟給了我一句一輩子受用的話：年輕人，別擔心，有話直說，「朋友可以從今天開始交起」，今天你要我幫忙，改天我也會找你幫忙！

這位開朗的朋友，改變了我畏畏縮縮的交朋友態度。從此以後，對認識的朋友，我經常直率開口，請他們幫忙。因為互相幫忙，互相麻煩，交往越來越深。至於對不認識的人，如果有必要，我更勇於開口，只要不是太嚴重的事，我都會直接接觸，直接尋求協助。而且成功率甚高，當然也因此認識更多人，交了更多朋友。

我逼迫主管自己面對不認識的人，是因為我明確知道他們絕對可以自己完成任務，他們所欠缺的只是信心，只是開放的胸襟、只是開朗的態度，而這種能力，需要訓練、需要培養。

培養「朋友從今天開始交往」的開放態度，首先要培養的就是願意幫助別人的寬闊胸襟。當你願意隨時隨地幫助任何一個需要幫助的陌生人時，這代表著你隨時都散發出願意「與人為善」，願意交朋友的魅力，因此你不會介意認不認識，只要有機會你都願意幫忙或被幫忙。如果有需要，你不會害怕向陌生人請求協助，因為你也曾經幫助過很多不認識的人。

這並不是利益交換，因為幫了別人不能指望回報，但卻讓你能有信心面對所有人，尋求協助，互相幫助，因為你隨時隨地準備交新朋友，隨時願意助人，也願意接受幫助。

後記：

朋友不只可以從今天開始交往，更多的狀況是不打不相識，從衝突對抗中，經過化解而認識，而成為朋友。先有衝突的朋友，反而容易交得深，因為在敵對中，反而可以更深刻的認識彼此的個性，一旦歧見化解，只要性格相合，更易交往。

84. 最後一塊錢，手放開

清楚明白是優點，但如果計算到一分一毫，那又變成處處計較的小人；努力讓獲利極大化，是好生意人，但如果務期賺到每一分一毫，那就是趕盡殺絕，讓對手無路可走，只有狗急跳牆。在關鍵時候，有時需要有放人一馬的豁達，也需要水清無魚的模糊。

做生意，賺到能賺的每一分錢，省下該省的每一分錢；理論上，這是一個好生意人的必要條件。

可是我也聽過另一種評論，有人評價一個商場上極精明而且形象不是很正面的商人：「他是一個能賺一百元，如果只賺到九十九元，回家還要自責、懊惱不已，連一塊錢也不放過的人！」言下之意，有不屑、有鄙視，似乎這人是個不近人情、冷酷無情、極難相處的人。

台語有云：「買賣算分，相請不論」（台語發音），指的是只要做生意，就要錙銖必較，計算到每一分錢；但請客的話，再大的錢都不計較。

很明顯，好生意人的精打細算，計較每一分錢，似乎是明確的共識。但是如果真有一個人連一塊錢也不放過的話，似乎並不是大家認同的大生意人與好生意人，其間的差異何在呢？在公司裡，我要求每一個事業單位主管精打細算，省下每一塊錢，杜絕不應有的浪費，長此以往，養成了每一個主管計較每一分錢的習慣。有一次我發覺集團總部的共通費用分攤，竟然連幾百塊錢的費用，都要去議定分攤比例，按比例分攤到每一個單位，這令我啼笑皆非，沒想到主管們會計較到這種程度！

經過這次的經驗後，我對好生意人、好經營者的定義有了新的註解：精打細算每分錢，企圖要賺到每一塊錢，是應該的；但對小數、尾數，或者最後一塊錢，故意視而不見，以免因趕盡殺絕，傷了感情、和氣，也讓自己變成一個氣量短小的人。

我的習慣是在心裡仔細打好算盤，精準計算所有的生意，讓獲利極大化，明確知道如果我趕盡殺絕的話，能得到多少。然後，自己再下一個決定，要給對方留多少餘地、留多大的尾數，通常能賺一百元的話，我會在賺到九十九元時，手放開，替對手留餘地，為未來的合作留空間，避免給人吃乾抹淨的惡劣印象。

有時候，有人會覺得我有點呆，明明還有一塊錢可以賺，我卻似乎故意漏掉，但長期以來，我知道我因而得到更多的認同，更多的人緣，大家知道，我是一個不會趕盡殺絕，我是一個會在關鍵時候給人留餘地的人。許多第二筆生意因而成交。這也是我經常自我勉勵的話：做到第一筆生意不叫成功，做到第二筆生意，才是真正的成功。而最後一塊錢，手放開，則是第二次生意成功的要件。

我告訴我自己，精打細算是必要的，但是打大算盤，理所當然，千萬別打小算盤；小算盤打多了，不但自己氣量短淺，形容醜陋，而且會讓所有的人面對你的時候，打起精神、全力以赴的對付你，因為你是個超級聰明的人，一不小心，就會上你的當。只是當所有的人都聚精會神、精打細算時，你絕對討不到好處，只會更加困難。

後記：

有一個讀者問：我不是不賺最後一塊錢，根本是賺不到錢。我知道大多數人缺乏的是積極賺錢的精打細算，有的僅是減少花錢，保守型的精打細算。不過不管哪一種精算，也都有打大算盤與小算盤的差別，大算盤大處著眼，計大利、避大害；小算盤則計較蠅頭小利，有時只會傷和氣，突顯自己的氣量短淺！

85. Get it done & let them howl!

不做大事，枉活一生，一做大事，卻會面對眾說紛紜的複雜情境，這時候需要的是冷靜、自信與毅力，只有把事情做出來完成它，才會讓大家閉嘴。

英國知名學者班哲明．喬厄特（Benjamin Jowett）的名言，流傳千古，是每一個從事改革，力求突破與創新的人，在面對一般凡夫俗子的冷嘲熱諷時，必須要有的認知與態度。

每一個人都生活於外在的評價中，相關的人當然有權評價你的好壞，你的同事、部屬、上司、董事會、股東……，他們都是利害關係人，你的所做所為，都要受公評。就算不相關的人，他們也可以用感覺來評價你：那個人不錯、那個人看起來討人厭……，每一個人都活在「評價」的漩渦中。

面對評價，每一個人做得最多的就是解釋。年輕的時候，一到會議桌上，只要談到我、談到我所做的事，不論別人給的是建議，還是批評；不論別人說話的立場是善意、還是惡意；不論說話人的分量是如何；不論別人說的話，會不會影響對我的評價，我都努力的解釋、努力的說，就怕別人看不起我、說我笨。我像個刺蝟，得罪人而不自知，有時更是讓親者痛、仇者快！

我所帶的小朋友，他們面對我，也一樣努力的解釋。我心情好的時候，就笑著告訴他們：別急！我只是說說我的意見，並不是反對你們的看法，不必一再向我解釋。當然，如果我心情不好，就有人要倒大楣了。

事實上，世界上大多數的事，並沒有標準答案，在過程中，每一個人也都是在自我判斷尋找答案，也沒有人敢說自己的答案一定對。如果所有的事都要「共識決」，相信世界上大多數的事都要停擺。問題是人怕被評價，卻又愛評價別人，因此，所有的事、所有的人都被各種批評、意見、看法、意識形態……扭曲得不成人形，「解釋」則成為每一個人最無力、最可笑的自衛行為。

十九世紀英國知名學者班哲明・喬厄特，在面對外界的批評時，說了一句流傳至今的名言：「Never retreat, never explain, get it done, and let them howl.」意思就是「不撤退、不解釋，把事情做對做好，外界笑罵由他！」

這句話現在被廣泛用在各個地方，不外乎鼓勵自己，勇往直前。雖然也不乏民主式的政治領袖，引用這句話來遂行其獨裁冒險行為。但一般而言，用在複雜情況、處境艱難時，這句話確實伴我走過各種難關。

我喜歡冒險，我喜歡新創事業，我也喜歡面對複雜而麻煩的情境，安逸的日子我沒興趣。而這種情況往往最七嘴八舌、莫衷一是，而且老實說，可能包括我自己在內，都不見得明確知道該怎麼做。這時候，我唯一該做的事是打起精神、全力以赴面對，對所有外界的意見，我要仔細傾聽、冷靜分析，但絕對不要去「解釋」，如果我解釋，就是我固執，我不解釋，我才能冷靜思考、廣納百川，尋找最佳答案。

而當我下了決定後，所有外在的聲音，都會淪為背景音樂，就好像戰場上的交響曲，而我的眼前只有目標、只有獵物，一直要到Get it done，我才會再聽到外界笑罵的聲音，但這也都是「得意笑閒人，失腳閒人笑」的人間肥皂劇劇情吧！

後記：

一個讀者問我，當所有的人都反對你時，你怎麼敢勇往直前？這是一個好問題，其中的關鍵在冷靜與傾聽，冷靜是要趨趕熱情所形成的衝動，傾聽是要判別別人意見的思路，當能冷靜的去除自己的成見時，別人的意見是否正確，就會清楚明白，如果別人的意見有意義，那就接受、修正後再勇往直前。

至於解釋，是最無聊、無謂的行為，因為在眾說紛紜時，溝通完全無助於化解歧見，只會引起爭辯，讓自己陷在情緒中，這是最危險的。

86. 照計畫賺錢與照計畫賠錢

所有工作的意義，如果都化為金錢，用金錢來衡量所有工作的價值，那有許多賠錢的事，我們都不會做，人生會少了許多可能。

這時候我們需要金錢以外的價值觀，如果過程我會滿足，就算賠錢，那是我享受過程的費用，可能我們得到的是金錢不能衡量的東西，這樣我們的人生中會出現照計畫賠錢的可能。

做為文化傳媒工作者，較諸一般的企業經營，多了一項社會責任與文化理想的困擾，許多事在正常的盈虧計算之外，常常會有文化理想與社會責任的思考。我們經常徘徊在生意與意義之間，迷失了自己。

我們思考某一本書是否該出版時，第一個考量的當然是有沒有生意做，能賣多少本？成本率是多少？毛利率是多少？賣多少本能平損？這些都是很簡單的計算，一張財務試算表會解決所有的問題，有時候連思考與判斷都用不上，因為數字會告訴你一切。

我們的困境不在這裡，許多時候，我們的社會責任與文化理想會油然而生，許多書，因為「我」喜歡，因為「我」覺得有意義，因為「我」覺得社會上需要這本書，更因為「我」這本書對社會改變、進步有價值，「我」對這本書的出版有責任，做為一個文化人，「我」應該出版這一本書。

這個時候，財務試算表就不夠用了，可能表上告訴我這本書沒錢賺，甚至會賠錢，但是我的文化理想、我的社會責任，讓「我」無法拒絕，讓我對著財務試算表無所適從。

有很長的時間，我採取「混合思考」：雖然沒錢賺，但有意義，就當做理想吧，還是出了吧！許多書就在這種情境下出版。問題是這種狀況讓我心思複雜，一邊想的是生意，一邊想的是意義。想生意，讓我不敢放手一搏，苛扣成本，犧牲品質，為的是有更好的毛利率；想理想，又讓我去做一件生意上沒把握的事，結果通常是悲劇收場，錢沒賺到，社會上對這本書的好評也不多。

我慢慢想通其中的道理，當一件事有兩個目標時，價值的衝突，邏輯的混淆，會讓你無所適從，尤其是「沒賺錢，就做理想」或許「做理想，順便還可能賺點錢」這兩種思考，讓我其實沒有真正想通兩者的關係，在浪漫中做了許多錯事！

直到有一天，我決定把兩件事獨立思考。要不談生意，只問能不能賺錢；要不談理想，只問對社會有沒有意義。談生意時，只有財務試算表，能賺到足夠的錢，我才決定做，一旦決定做，就把「資本主義魔鬼」的精神拿出來，斤斤計較成本、費用、每個環節，務其獲利極大化，這是「照計畫賺錢」的生意模式。

而談理想時，我先想的是，這本書對社會的價值及意義，更要精準的判斷其價值高低，意義多寡。然後再拿出財務試算表，仔細算一下要花多少錢，會賣多少本，結果可能會賠多少錢。賠這些錢，出版這本書值不值得，賠這些錢，會不會影響公司的營運，如果賠得起，又值得，那我就「照計畫賠錢」，把書做到極致，把書的社會意義極大化，這是另一種形式的「花錢買義」的過程。

當我把生意與理想獨立思考之後，一切都豁然開朗了，失誤的判斷變少了，要不有生意，要不有意義，兩者都可以按計畫完成。

照計畫賺錢與照計畫賠錢，是非常重要的生意邏輯，尤其在思考新事業時，我們常為了少賠一點錢而犧牲某些環節，沒做到該做的事，導致新事業半途而廢，「照計畫賠錢」是開創新事業的關鍵思考，只要在計畫中，一切都要做到位，才會有好結果。新事業的培育是成敗問題，而不是成本高低問題，唯有對賠錢有準備，不擔心賠錢，新事業才有成功的可能。

後記：

這個概念，說穿了不值一文，所有走預算制的公司，計畫都有賺有賠，也都是照計畫賠錢！差異在於預算制下的計畫，就算賠錢，那通常是在培育期，整個計畫終究會賺錢，只不過會歷經一段時間的賠錢而已，這種賠錢，你不會害怕、不會緊張。

而這裡所謂的「照計畫賠錢」很可能指的是看不到賺錢可能的賠錢，賠錢的目的不是為未來賺錢，而是有其他考量，也許是「花錢買義」，也許是探索試驗！

87. 憤怒的代價

歷史上吳三桂的衝冠一怒為紅顏，一方面是衛道學者的負面教材，一方面也是浪漫男人的瀟灑作為。無可否認的，憤怒是每個人情緒上的重要議題，如何控制、如何管理，將影響每一個人的一生！

年輕的時候，承辦一個大活動，需要一家建設公司參與贊助。整個溝通的過程，痛苦不堪，這家知名建設公司，從頭開始就非常不認同這項活動，也表明不願參與的意願。但如果這家指標性的公司不參與，整個活動就注定要失敗。我在無路可走的狀況下，採取了絕不放棄的死纏爛打策略，一直糾纏到底。

最後一次，我直接找到這家公司的總經理，使盡渾身解數強力說服，沒想到這位總經理被我惹毛了，以很不禮貌的態度要趕我走，我找到機會，把他的不禮貌，擴大為對我的公司的不尊敬，終而以吵架收場。

事後，這家公司為了息事寧人，不但捐錢參與活動，而且付了更高的代價，擺平這件事。當然這位總經理，不久也就從公司離職了。對這件事，我始終感到遺憾，我感覺到我似乎設了一個陷阱，激怒了這位總經理，擴大了事端，才達成我的目的。嚴格說來，這位總經理是被我激怒下的受害者；對他，我有著難忘的歉疚。

從中我學到一個教訓，就是憤怒是要付出代價的。無論如何要控制自己的情緒，不能做出任何非理性行為。

可是知易行難，這一生中，我還是常常在情緒波動中付出極高代價。

有一次談判，在不耐煩中，我不自覺的輕拍了桌子。這個小小的舉動，一樣被對手當成把柄，被解釋成失禮、看不起對手的行為，結果是我不但要道歉了事，在日後的談判中，我也付出了補償代價。

在公司內部會議中，有時我也會被激怒，說出了逾越的狠話，當然，為這些「狠話」，最後我也付出代價。

我不禁自我檢討，年輕時我就得到教訓，為何年長了反而經常為憤怒付出代價？

結論是公司的成長、工作的順境，讓我心高氣傲，忘了我是誰，以至於在許多情境下，做出不合理、不正確的舉動，我不是被對手打敗，而是被自己打敗。

小心翼翼面對每一件事，變成經常的工作習慣，尤其是處在順境時，更要小心謹慎。我不只告誡自己，不可以憤怒，也不能生氣，就算情緒激動都是危險的。

問題是，我永遠做不到不憤怒、不生氣、不激動。因為永遠有許多不如人意的事，會讓我生氣、激動。在不得已的狀況下，我只好再退而求其次，為自己訂下了情緒激動的「三不原則」，以免招來不必要的後遺症。

暫停不繼續是第一不。不論是開會、談判，找理由暫停，穩定情緒，是避免陷入窘境的預防措施。不回應、不說話，是第二不。禍從口出是最常見的不理性行為。只要不說話，大概不至於陷入危機。最後一不最重要，那就是不做任何決定。情緒激動下所做的決定，百分之九十都是錯的，一切等待情緒平復之後再說！

激怒對方，是高手過招常用手法，而你第一步要做到的就是避免憤怒，以及瞭解憤怒的代價有多高！

後記：

年輕的時候，憤怒是脫韁野馬，常變成我的困擾。但年長之後，經過仔細的自我控制，憤怒變成我的重要工具，在關鍵時候，憤怒變成我表達立場，表現堅決立場，絕不妥協的手段；憤怒有時會是一場激烈的情緒展現，充分讓所有人知道，我已達臨界點，也讓他們知道收斂。當然，最後要回到理性，回到我想要的結果。

這其中的關鍵是，不論怎麼「憤怒」，不能失控，一定要在自己安排的劇本中進行，否則還是要付出代價。

88. 當外界瘋狂時，你尤其要冷靜！

一句男人中的名言：老婆叫我人多的地方不要去。這是男人拒絕同夥邀約的說詞，含意深遠。因為人多的地方，人聲鼎沸、意見繁雜，常會因為喪失冷靜，隨波逐流，陷入不可測的風險。遠離群眾，不隨外界起舞，需要嚴肅的自我訓練。

一個週日下午，老婆提議到郊外走走。我們開車隨意而行，在郊區看到一個巨大的看板，是個超級房地產案正在販賣，我們不經意的下車看看，沒想到真是個不錯的案子，規畫良好，有溫泉、有全方位數位家庭設施，看房子的人非常踴躍，人聲鼎沸；再加上售屋小姐能言善道、招待親切，我們越看越喜歡，結果，我們不只買了，而且買了兩戶，一趟郊遊，變成購屋之旅。

回來後，冷靜下來發現，案子雖然不錯，但其實根本用不著，我不可能離開市區，搬到郊外，或許退休之後還有可能，問題是我何時才會退休呢？這一切只不過是個浪漫的衝動罷了！

我是一個浪漫而隨性的人，因為浪漫、因為衝動，其實付出了不少的代價，因此，我曾經告訴我自己：「當外界瘋狂時，你尤其要冷靜！」這是我面對複雜的情境，覺得無法自拔時，必須要遵守的規則。

相信每一個人都有類似的經驗，決定除非想清楚否則不買股票，但一到號子裡，人聲沸騰，就跟著下單買了；本來不想喝酒的，但大家一起鬨，結果大醉而回。從眾是人之常情，跟著大家的情緒走，跟著大多數人的感覺走，而忘了自身的處境，忘了自己應有的理性選擇，為了一時的痛快付出代價，為了一時的隨性，改變決定，只是不願掃大家的興，只是不好意思拒絕，只是……。

在人群中，要保持冷靜是困難的；在情緒高張時，要保持冷靜更困難；當別人掌控全局時，你要保持冷靜，拒絕對你不利的提議更加困難。這是為什麼我們常會因為衝動，付出代價，為一時率性而後悔。

雖然我告誡自己，不隨別人的樂音起舞；當情緒高張時，越需要冷靜。但這還是不容易做到，我還是會買一戶自己完全不需要的房子，還是會做一些事後看來很荒謬的決定。

看來告誡自己要冷靜是不夠的，還需要有更有效的方法，才能避免錯誤。「絕不同意，絕不做決定」，除非這件事是已經想了很久，做完徹底而完整分析的事。衝動，通常是犯錯的根源，只要你當下不做決定，當下「無權」做決定，「無權」只是一個說辭，讓對方知道你不能決定，逼你也沒用。其實只要錯過了情緒很「high」的當下，經過冷靜思考之後，你就不會犯錯了。

如果你做不到嚴詞拒絕，那麼你至少要做到「今天不決定，下次再說」，「下次」的意思，也就是要讓你自己的情緒冷卻！

「抵死不從」，是基本規則，反正就是不要、不可以、不同意，只要你不點頭，所有的錯誤都不至於立即發生，就還有轉圜的餘地。

不過，如果連「抵死不從」都不能度過難關時，那就只剩下一種方法，那就是「逃離現場」，三十六計走為上策，人多是非多，逃離人多的地方，逃離你自己不能掌控的情境，絕對是避免衝動，避免犯錯的最後防線！

後記：

拒絕、抵死不從，到逃離，這是拒絕外界誘惑的三部曲，但有時候，其順序要逆反，逃離變成第一步。許多的情境，你知道外界的誘惑極大，你知道人在現場就會陷入不可測的風險，而自己的自主性變低，當這種狀況時，第一步就應選擇逃離，所有的後果，日後再善後。

89. 菩薩的禮貌

成功的光環，有時會讓人迷失，因而高估了自己的貢獻與能力，低估了組織的力量與能耐，也錯估了外在的形勢，這是能力強的工作者，經常會與組織陷入對抗，導致組織與個人兩敗俱傷，要避免悲劇，對自己的能力保守，對組織謙卑是必要的。

進媒體的第一份工作是記者，那時剛畢業不久，又有幸進了發行量極大的《中國時報》，採訪的又是經濟新聞，台灣的知名企業及老闆，對我這個不懂事的年輕人，待若上賓，不知不覺中，我開始自以為是，覺得自己很「傑出」、很「偉大」，因為所有的人見了我都尊敬有加。

直到有一天，我發覺一個採訪對象，對一位我非常認同的同業，非常不禮貌，我十分訝異，這個同業能力比我強，但卻得不到採訪對象的尊敬，經過仔細思考後，我終於弄清楚是怎麼回事。因為我代表的是大報，他們尊敬的不是我，而是我

後記：

有人問我：如果公司實在太不合理，個人太有禮貌，不會太軟弱嗎？

我承認，當然有許多公司確實不上道，工作者適度表達自己的不滿是必要的，但不論溝通過程如何激烈，應保持的底線是，絕對不要玉石俱焚，做出與公司同歸於盡的結局，因為這損人且損己。

我認為，公司是現實的，因為現實，所以在可理解的範圍內，絕對會妥協，只要好好溝通，應不難達成自己的期待！

90. 當我不再相信創意之後：創意vs.管理之一

從一個浪漫的文字工作者出發，長期我在創意與管理之間糾纏不清，我不敢要求、不敢管理，深怕冒犯了神聖的創意形成。但所有的工作不能如期完成、不能高品質完成、不能精準的完成，又使我面臨績效不彰，無以為繼的困擾，直到……。

那實在是一件很奇妙的事，當我不再相信創意之後，一切都改變了，我所經營的出版公司，一改過去辛苦經營的樣貌，每年穩定的經營、穩定的獲利、穩定的成長，過去一切遙不可及的事，都變成理所當然。

出版與媒體行業，是文化產業、是思想工作、是有理想的工作，當然也是必要創意的產業。如何讓創意飛翔，讓文化人的浪漫、理想，能滋潤文化產品的內涵，因此文化工作者需要尊重，不可管理，否則會抹殺創意形成，阻礙創意產業的經營與發展。這種觀念曾深植我心，再加上我自己也是「文字工人」出身，討厭有形的管理與要求，因此打造一個尊重創意工作者，讓創意能滋養蔓延的工作環境，變成組織內的「無限上綱」。

因為創意可遇而不可求，因此創意工作不可限期完成；如果要限期完成，就是執行管理者在謀殺創意。包括我自己在內，交稿時間一拖再拖，截稿日期只供參考，而所有的工作，最後都是在不得已的出刊壓力下，不眠不休，勉強趕工完成。或許我可以這樣說，大多數的媒體、出版、文化、創意產業，都是在類似的惡性循環中「自虐式」的經營。

首先激發我改變觀念的事，是因為我發覺更長的時間未必能得到創意，延遲也未必能提升工作品質，而且我發覺創意與品質和人有關，但與時間幾乎無關，你找對了人，創意、品質都會有，而且可以預測、可以預期、也可以管理，如果你找錯了人，創意與品質都不可期待，給再長的時間，有再浪漫的環境也沒用。

有了這樣的經驗，我開始在組織內要求「準時、守時」，任何事絕不拖延，所有的人為意外都可以被管理，不可以要求延遲。公司內最經典的對話是：「如果再多給我三天，我會做得更好！」「不要用品質做藉口，多給三天你也未必寫出更好的稿子，品質不能把握，還是先把握時間！」

經過準時、守時的要求後，工作流程變順暢了，所有的工作變得可以規劃、可以預期、可以管理，下游的協力廠商配合也更容易。奇妙的事，跟著就發生了。公司內錯誤更少，直接成本降低，而產品品質提升、業績提升、整體獲利提高了。其實道理非常簡單，所有的工作流程，和創意無關，都可以被管理，而且嚴格管理所有流程，產品良率提升，錯誤減少，業績獲利當然變好。文化創意產業，在產品生產流程管理，和所有產業沒有兩樣，準時、精準、尋找最佳實務、工作標準化、嚴格檢查、品管等，都是文化創意產業可以適用的方法。

最後我得到清楚的答案，「創意」重要，但那是每一個人內心與腦內的事，創意不能管理，只能激發；但工作，工作流程是實務、是現實的步驟，和創意一點關聯都沒有。於是乎，在工作、在流程管理，我不再相信創意，更不要創意，只要精準的執行，綿密的品質要求。

經過工作上的「去創意化」過程，我的團隊能力大增，因為內心的創意，因實務流程的順暢，更有時間與空間發揮；而工作實務上的精準效率，形成競爭上的另一種優勢。思想惟創意，工作、流程去創意，我終於能在文化創意產業中，找到管理的真正意義，但那是在我不再相信創意，遠離浪漫之後。

後記：

這一篇文章，在整個文化出版業界形成極大的震撼，一位同業說我：膽敢冒犯文化工作者的大不韙，把創意工作用流程來管理，那不是要把文化工作者，當成文化工人？

我勇敢承認：文化工作是產業類型的描述，但就內容生產而言，文化、文字工作者，也是生產者，我自己也是一個文字工人，把管理的理念與方法，用到內容的生產上，絕對可行，媒體工作一樣可以把工作流程標準化、最佳化，一樣可以用PDCA（管理循環，計劃Plan、執行Do、檢核Check、反饋與改進/Act）來追蹤管理。

91. 創意的形成與創意的執行：創意vs.管理之二

在寫了〈當我不再相信創意之後〉，我的許多同事質疑，在嚴格的管理之後，許多創意跟著被抹殺了，這樣的說法，完全是把創意形成與創意執行混為一談，因而我再寫了這篇文章，釐清創意形成與創意執行的差異。

一輩子從事媒體工作，一輩子寫文章、寫報導，但是我從來不敢說自己是創作者，頂多是個「文字工人」。一輩子依靠創意過活，但我也從來不敢說自己是「創意人」，原因很簡單，不論是作家或是創意人，都是多麼才氣縱橫的工作，豈是我等這種凡夫俗子所能為。

雖然不是創意人，但工作卻一輩子都要與創意人打交道，尤其當了管理者之後，如何服務、侍候或者管理創意人，更是每天都要發生的事。

創意人氣質不凡，人間少有，要服務、侍候自不在話下，但能不能管理，卻曾經在我心中困惑許久。理論上，創意人只能尊重、只能呵護、只能給予更多的空間，他們的工作是用質量計算，而不是數量，這當然不可以管理，如果用管理生產線的方法，講究流程、講究規律、限期完成，絕對是謀殺創意人與創意工作。

問題是雜誌要限期出刊，文化產業也是企業，也要講究效率，如果創意人不能被管理，連準時出刊都不可能，公司如何正常營運。

直到有一天，我把創意工作徹底分解、展開之後，一切就豁然開朗了。任何創意工作，都可分解為創意的形成與創意的執行。創意的形成是腦中的事，是偉大的工作，是神龍見首不見尾，不可捉摸的。但是創意的執行，卻是凡人的事，是「垃圾」工作，要綿密的控管與落實才能完成。

創意的形成、發想，不能管理，只能培養，只能用良好的環境去餵養、去激發。但是創意的執行，卻和一般生產線沒有兩樣，要嚴密控管、講究效率、限期完成、降低成本。

以做廣告為例：一個好的廣告創意不可捉摸，但執行好的廣告創意卻一點學問也沒有，如何拍片、如何設計，都只不過是精準有效率的執行而已。

再以編雜誌為例：一個天才的總編輯，創意才氣縱橫，創意的發想，不可管理，但所有配套的後勤工作，全部都是綿密的執行而已。

因此就算是創意人，不能管理的是腦中的創意，但後續的執行卻要依賴工作紀律與綿密的管理，方能高效率的完成。

以人來分，創意團隊中只有極少數的一、兩個核心創意人，不可管理，其他人也都要綿密管理。以事來分，創意工作只有在最原始的發想，不可管理，其餘絕大多數的執行工作，也都需要綿密的管理，才能確保創意能以高品質完成，執行甚至會決定創意的成效。

從此以後，我知道如何「侍候」創意人，他們不是不可管理，而是更需要管理，只是管理的方式與重點不同而已！

從此以後，面對創意人要求不被管理的自由空間，我會自問：我遇到了畢卡索，還是張大千？如果是，給他們完全自由的空間吧！但就算是遇到畢卡索，他的自由空間也要放在正常的組織以外，不要影響組織內綿密的控管流程，與精準的執行。

從此以後，創意的激發、發想是神仙的事，而創意的執行是凡人的事，沒有人可以假創意之名，行拒絕創意執行的綿密管理之實！

後記：

在這篇文章，釐清了創意形成與執行的分野之後，我就很少面臨創意與管理的爭辯，有些單位的主管甚至把這兩篇文章做為內部的參考。對整個文化創意產業而言，用傳統的自由、浪漫經營法的業者固然很多，但在我的公司裡，卻從此不再有爭議。

92. 勉強別人，理所當然

順勢而為，水到渠成，是大多數工作者期待的情境，但這麼容易的事很少見。大多時候，我們要強力作為，不斷勉強自己、勉強別人，最後才能有一點成果，勉強是人生必學的一課。

一個部門主管向我抱怨：何先生，你不知道這件事多難執行，所有的部門都持觀望態度，因為會影響他們現有的工作，我無權命令他們，也不想勉強他們，公司可否暫停或中止這項計畫？

他的抱怨早在我意料之中，因為他負責的這項工作確實困難，許多單位需要因而改變現有的工作流程，再加上原有工作已很煩憂，所有的人都期待能放棄這項工作。但基於許多原因，公司不能放棄。

我告訴這位主管：你是無權命令他們，但你推行的是公司的政策，理論上他們不樂意配合，可也不至於嚴詞拒絕。你要用各種方法，勉強他們一起配合，可是如果你不想「勉強」別人，那這件事肯定辦不成！

「勉強別人做事」，這可是我這輩子花了最多時間學習的事。年輕的時候，最討厭別人逼迫我做什麼事，總覺得所有的事都應該「自動自發」才完美。因此長大後開始工作，我也「己所不欲，勿施於人」，討厭去勉強別人，盡可能不去勉強別人，也因而面臨了很長一段時間，一事無成，什麼事也做不了，讓別人覺得一點能力也沒有的尷尬狀況！

我慢慢發覺，幾乎沒有一件事是別人樂意去幫你的，每一個人都是在他人不斷的催促、不斷的說服、不斷的溝通、不斷的哀求之下，完成某一件事。

譬如：老師「勉強」學生讀書；父母「勉強」兒女用功；小孩「勉強」爸媽給零用錢；主管「勉強」部屬完成工作；業務員「勉強」客戶下單；政府「勉強」人民繳稅……。

我驚覺，這是一個無處不「勉強」的世界，我更驚覺，人生的真相就是「勉強別人」，而成功的人，就是很會「勉強」別人的人，能力則是用勉強別人來衡量，不會勉強別人的人，就是沒有能力的人。

「勉強」用各種不同的形式存在。最粗魯而直接的勉強叫命令；文雅、含蓄的勉強叫溝通；用道理去勉強叫說服；詭詐的勉強叫欺騙；用好處去勉強叫引誘；炫惑的勉強叫廣告；不斷的勉強叫鍥而不捨。勉強是一切事物的原動力，任何工作、任何任務，都需要不斷的勉強自己、勉強別人，才能夠完成！

勉強自己的難度，尤勝於勉強別人。就像年輕時的我一般，我視勉強別人為罪惡，因此不勉強別人有理，勉強自己那就更違背原則，為何不讓自己快樂點，何須自我勉強？

我終於認清真相，勉強原來是不可或缺的。學生因勉強而成長，營業人員因勉強而成就業績，工作者因勉強而績效非凡，主管因能勉強別人，而完成困難的任務，老闆因能勉強所有的人，而獲利賺錢。

勉強伴隨著困難而來，因困難，故需勉強；不願勉強別人，其實是無能力勉強的託辭。學會勉強別人，是工作者認清事實，學習成長的開始。

後記：

這篇文章流傳極廣，尤其在許多業務單位，主管影印了這篇文章，要求所有的業務員，努力出門推銷，「勉強」客户購買產品，可謂推銷無罪，勉強有理。

雖然我始料未及，但這也不違反人生無處不勉強的本質，只要我們努力去追逐，勉強自己、勉強別人都是對的！

93. 家庭的劫難：成功致富害兒女

辛苦賺錢、庇蔭子孫，這是凡人的常情常理，但不見得都能如願，常言道「富不過三代」，就在述說富豪可能的災難。

只不過在數位時代，現在的反作用可能來得更快，不需要等到三代，有錢的富豪正在親手陷害自己的兒女……。

中國式管理大師曾仕強教授是位充滿智慧而風趣的人，在一次午後的請益閒聊中，他脫口而出：中國這麼多快速致富的人，成功賺錢之後，做的最重要的一件事，就是陷害自己的小孩，吃好、穿好、住好之外，讓他們都變成「阿舍」（台語，指有錢但無所事事，養尊處優之人）。曾教授還學這些「阿舍」踱方步，看得我捧腹大笑，但也笑得自己心思複雜起來。

我不算成功，更談不上致富，但在僅有的能力之餘，「陷害」自己的小孩的情境，倒是不能免俗，吃好、穿好雖不至於，但盡可能給他們最好的教育，協助他們

後記：

❶每個人都期待有個好父母，可以減少奮鬥二十年，這篇文章不是因為吃味而成的風涼話，我確實看到了許多悲劇。已有不少第二代身陷囹圄，或者敗壞家產。財富要自己賺得才安穩，不必羨慕別人有好父母。

❷一個好友白手成鉅富，想盡辦法終於生下一個寶貝女兒，有一次閒聊，他感嘆：當年我們談戀愛多麼單純，沒有其他複雜的心思，可是我很擔心我女兒，未來她的男朋友會不會因為財產才與我女兒交往。聽後，我大笑不止，錢財可以做許多事，可是錢財也帶來許多不必要的困擾，旨哉斯言。

❸有許多富豪已開始把大部分錢財捐做公益，這應是人類成熟進步的表徵！

94. 自己的劫難：為什麼要管我？

人不輕狂枉少年，但不論如何恣情縱意、放浪形骸，都不能逾越安全的底線，也不可不明事理、不察人情。

這一則故事，一直是我告誡下一代、告誡年輕人的經典。人有許多劫難是來自自己，人最需要克服的也是自己。

我第一次到京都，是帶著辦公室的小朋友們去員工旅遊。那是連續多年辛苦經營之後，公司第一次轉虧為盈，所有的人都非常享受這一次難得的輕鬆，尤其是年輕的小女孩們更是玩瘋了。

到京都的第一天晚上，我就發覺有三個年輕的女編輯很晚了仍然沒回旅館，我無法放心，手機也撥不通，只好坐在旅館的大廳等待，一直等到凌晨一點，她們終於回來了，我忍不住說了她們兩句，沒想到最年輕的一位小女生，竟然回我一句話：連我爸爸都沒這樣管我，何先生你為什麼要管這麼多？

我一時心急，說不出話來，目送著他們回房，但心中仍然盤旋著我為什麼要管她們的問題。

其實我很快就得到答案了：如果她是我女兒，我也可以選擇不管（如果我年輕，我還有機會再生一個女兒），若她出了什麼事，不會有人來找我算帳，我可以為她所有的事負完全責任。問題是，她不是我女兒，我無法為她所有的事負責任，我要替她父親負責任，在她和我一起去員工旅遊的期間，如果這一段期間，出了什麼事，她父親不會放過我，我也負不起她有任何差池的責任，因此我才要管她，希望能防患未然！管她才是負責任，如果我放任不管，那就是不負責任。

事後我找了機會向所有的員工表達了我的立場，在辦公室中，所有的父母親把他們的子女交到我手中，跟我一起工作，我要為他們的一切負責任，尤其是出國期間，安全是最基本的，請所有的同事要諒解我的多事。

「受人之託，忠人之事」，這是做人最基本的道理。職場中的老闆、主管都是紅塵俗世中的修行者，他們設置了一個場域，吸引了一群人在一起工作，而老闆、主管就承擔了度化員工的責任，而這樣的責任會以各種形式存在，從有形到無形，從極大到極小，從日常瑣事到生涯規畫。

給一份工作、發一份薪水，是最基本的責任；教導、學習、規過勸善，是長期改變員工的責任；創造好的環境、給予優厚的福利，是英明老闆超額付出的責任；只不過這些責任，被簡化為利益交換關係，工作者提供時間、勞力、能力，而公司、老闆付出金錢，彼此銀貨兩訖，互不相關。

為什麼員工會質疑：連我爸爸都不管我，為什麼公司要管、老闆要管、主管要管？原因就在於所有人都不成熟、都不專業、都任性，用自己隨性的想法恣意所為。

工作者可以年輕、可以不知輕重。但主管不行、老闆不行，因為你要對工作者的無知負責任，你要為組織的成敗負責任。你要為所有的災難、意外負責任，不管這個災難是誰造成的，公司、老闆都脫不了關係。不論你當上主管、當上老闆的原因是什麼，你都只能千斤重擔一肩挑。

後記：

❶我父母有八個小孩，這也是我常常據以違反母意恣意縱情妄為的藉口：「反正媽你有那麼多小孩，少我一個沒關係！」只不過我是個膽小之人，不論如何輕狂、如何胡為，總在安全的底線之內。

❷小女十五歲出國念書，從此一個人獨闖異國，臨行前我只交待一件事：絕不可以吸毒，因為此事傷身且無益，至於其他任何事，我要她自己想清楚，只要她願意，我都會尊重。我告訴她，從今而後，她要為自己的一切負完全責任，父母遠在天邊，一切望塵莫及，請她自重。

小女不負我望，安穩成人，她第一個學會的就是自我負責、自我管理。

❸每一個人都有應負之責，不能因對方不滿、抗拒，就疏於其責，為老闆、為主管者應三思。

95. 分享，張開雙手結善緣：有用你就拿去吧！

每個人身邊都有許多邊際資源，這些資源有的是因數量太少，以致無法有大用，有的是因我們一時用不著，但每個人對這些資源的態度都不一樣，我的態度則是：「有用時你就拿去用吧！」我樂意與人分享，而不對價販賣，我因此結交了許多善緣。

家父曾經是個成功的商人，小時候雖然家道已經中落，但家中還有許多珍稀物品，足以見證當年父親的風光。

各種紙鈔、硬幣、龍銀，整個抽屜都是，中國四大銀行（中、中、交、農）的各種面額紙鈔，從百元到百萬元，讓我從小就見識什麼叫通貨膨脹，數不清的硬幣、龍銀，更是我小時候的玩具，我從不知道這些東西有多珍貴。

另一個令我印象深刻的東西是一塊拳頭大小的犀牛角，媽媽說這是真犀牛角，用途是生病時退燒用的。還有一個極堅硬的專用陶缽，使用時，在陶缽中加點開水，用犀牛角沾水研磨，直到清水磨成乳白色的犀牛角汁液，給病人口服，退燒有奇效。

這些珍稀物品，等到我長大就不知所終。原來媽媽好客又愛現，親友來，難免要見識一下，許多人不免愛不釋手，這時媽媽總是說：「喜歡你就拿去吧！」有些人客氣推辭，但更多人順水推舟就拿了，再多的物品，也會送完，所以這些東西，現在僅存在我的記憶中。

而那塊犀牛角，由於是救人的藥品，很少停留在家中，都在村中的鄰居間流傳，誰家有病人，就借去，從東家到西家，到我長大，只剩下不能再用的肥皂大小。

有時我們會說媽媽：怎麼把好東西就送人了。媽媽說：這些我們也用不著，人家喜歡就給他們吧！還不免要教訓我們一頓：做人有量才有福，不要太小心眼、太計較。

「有量有福」，我永遠記住這句話，而「喜歡就拿去吧！」則被我改成「有用就拿去吧！」，也成為我的口頭禪。

我身邊少有珍稀物品，但卻不乏用不到的零星資源，有些是因為量少，所以也用不著；有些則可能是我工作的副產品，不明確對價；有些則是非核心資源，用到的機會不大。其中最多的則是我的經驗、方法及我個人的力量，常有人要我幫個忙，這時刻，我總是「有用你就拿去用吧！」「朋友從今天開始交起」，所以我來者不拒，經常傾力協助。只要對別人有益，成功不必在我，「力惡其不出於身也，不必為己」，物惡其荒棄無用，轉送交友，廣結善緣，不需要錙銖必較、現金交易。

我無力當門下食客數千的孟嘗君，但我心胸開朗。人，生不帶來，死不帶去，所有的資源、財貨，擁有無益，唯使用者得益，若資源我無明確用途，又何須計較擁有。

我只是無目的的結善緣，並不期待對等回報。不過有時候也會遇到我需要別人幫忙，這時就可以看到對方的態度，如果對方也大方相待，那感覺極好，我知這是可真心相待之友，但偶爾也會有人斤斤計較，那我知道這是小氣之人，以後相見不如懷念，遠離可也！

在give和take之間，我看得很開，不斷的用邊際資源（或力量）與別人交往，廣結善緣，自然得道者多助，更有助於我看清周圍交往者的胸襟和態度，而我也樂於保持別人欠我人情的狀況，畢竟照我媽媽的說法，有度量就是有福之人。

後記：

❶也許有人會說：「何先生，你已經有足夠的財產，所以不計較這些邊際資源，而我們現在擁有的很少，根本無力與他人分享。」我很知道這種買少見少的處境，但我也要說：當我年輕時、當我一無所有時，我就是這樣做，因為我急需別人的幫助，所以我也樂於給人一點協助、一點溫暖，如果一點付出能多結善緣，誰知道未來會得到什麼回報呢？所以分享的作為，與你擁有多少無關，但與你的態度、胸襟有關。

❷可以計算的利害關係是交易、是因果，我們做了一些付出，以期待對應的回報，這是常見的事。而不能計算的利害關係，就是緣，我

們無意中做了一些事，給別人一點協助，可能只是一念之仁，只是同理心的對待，並無任何期待，但說不定在未來某一個關鍵時刻，別人會給你援手，這就是不能計算的利害關係，就是緣；而結緣往往來自張開雙手、放開胸懷，願意與別人分享的態度。

❸我已經有太多的經驗，得到意想不到的幫助，只因為我曾經結過善緣，別人願意相信我、願意給我配合。

96. 從容寫意的人生境界：聰明糊塗心

曾經滄海，過盡千帆，人生有許多無法重來的體會，追逐一生，回到原點，一切都在燈火闌珊處，聰明糊塗心是我萬千算計之後的內心告白。

人與人之間，隨時都在互換聰明與糊塗的角色，而形成四種不同的有趣情境：

一、聰明人遇到糊塗人：聰明人會占盡上風，得到各種不同的好處，聰明人自己也滿心歡喜，為自己所獲得的豐富成果志得意滿，甚至還要取笑對手的糊塗。

二、糊塗人遇到聰明人：糊塗人會掉進聰明人的陷阱，吃虧上當。但事後糊塗人也會恍然大悟，對自己的痴愚後悔不已，從此以後把這個愚弄自己的聰明人列為拒絕往來戶。

三、糊塗人遇到糊塗人：因為雙方都不精明，也較少計較，大家相處和諧，一團和氣。

四、聰明人遇到聰明人：雙方棋逢敵手，都使出渾身解數，互相算計，針鋒相對，爾虞我詐，但往往誰也討不到便宜，都白費了一番心機。

這四種狀況，我都遇過，每一種狀況我都體會深刻。

第一種狀況，演聰明人的我，會得到一次便宜，得到一次好生意，但會永遠丟掉一個朋友、客戶，也斷絕了雙方的關係，我被對方拒絕往來。第二種狀況，演糊塗人的我，會有一些損失，但我會看透一個人，也會學得更聰明，然後拒絕再與對方往來，這兩種狀況，都是弱肉強食，以關係斷裂結束。

第三種狀況，是最美好的情境，大家禮尚往來。有時候我多付出，對方心領神受；有時候對方回報，我也感激在心。雙方有來有往，都變成知書達禮的君子，這是我最期待的關係。

第四種狀況是最緊張、最耗心力，最終也最無益、最無趣的情境，因為雙方都得不到好處，但都互相看清對方的醜陋嘴臉，兩人都變成粗鄙的小人，這也是我最痛恨的關係。

因為我期待禮尚往來的和諧關係，這種關係需要兩個糊塗人，如果我先發覺對方是糊塗人，我會表現得更糊塗，以回報對方。如果我不知道對方的態度，我則會表現出適當的糊塗，傳達友善的訊息，舒緩對方的緊張，看看會不會得到美好的回應。

因為我不喜歡徒勞無功的緊張關係，因此絕不能率先啟動過度精明的算計，免得激發對方露出醜陋的心思。只有在對方心思複雜、步步進逼時，我才不得不啟動精明的防禦。

我也不喜歡關係斷裂，所以我也避免成為過度聰明的人及過度糊塗的人。雖然人與人相處，難免有得有失，但得失之間，只要不要太超過，不要變成全輸或全贏，有人些微得利，有人些微損失，這都是人與人相處的常態，雙方也不會因而從此拒絕往來，勢如水火。

這種有輸贏又不斷裂關係的狀況，雙方都需要在聰明中有糊塗，在算計中有退讓，不把力使盡，不把利占絕，這需要雙方都有一顆聰明糊塗心。

五十歲之前，我追逐聰明；五十歲之後，我嘗試學習糊塗。為了確保聰明糊塗心，我寫下了聰明糊塗心的歌謠：

我聰明，你糊塗，得了便宜還賣乖。
我糊塗，你聰明，受騙上當不往來。
我糊塗，你糊塗，一團和氣不計較。
我聰明，你聰明，看看誰是真聰明。
人人都是聰明人，只有笨蛋要聰明。
聰明糊塗藏心中，人生快樂走一回！

後記：

人生機關算盡，我開始討厭自己，討厭沒有人味的自己，討厭匆忙的自己，討厭為物所役的自己，回到那一句話：做一個自己不討厭的人吧！

聰明糊塗心，或許是一個可能的選擇。

97. 多餘的一句話

溝通是門大學問，會說話的人左右逢源。人人也都知道要說好聽的話，但有時候會不知不覺說了一句多餘的話，一句多餘的話，把所有的好話，都變成多餘。

兒子告訴父親：這個月的段考，我進步到全班第二名耶！父親：很棒，很棒！那為什麼不是第一名呢？

女兒告訴媽媽：學校的作文比賽，我得到優勝。媽媽：雖然很好，不過學校內的小比賽，不值得高興。

辦公室中，幾個同事聊天，一位女同事興奮的邀請大家參加婚禮，她的未婚夫是影劇名人，大家都恭喜她。其中一個人說話了：妳實在太幸福了，未婚夫多才多藝又多金，不過他不是常有緋聞嗎？妳要小心了！

這三個場景的共通之處，就是都有一句殺風景的、多餘的一句話，讓美好、和諧的氣氛急轉直下，讓在場的人覺得不舒服。

因為這種「多餘的一句話」，讓我在陌生場合惜話如金，深怕自己說出了「多餘的一句話」，也怕承受別人「多餘的一句話」。

我深知「多餘的一句話」的殺傷力，但仍不免深陷其中。

在年終檢討會中，這個單位明明今年表現傑出，我當然也給予肯定，不過，在說完勉勵的話後，我忍不住又說了這個單位的一些小缺失，希望他們改進。事後，我得到同事們的回應：不管我們做得多好，都得不到社長的認同。

我也常承受「多餘的一句話」，許多人來請教我的意見，我一向知無不言，言無不盡，可是事後，請益者通常會謝謝我的建議，但也偶有人會在最後補一句話：「您的這些建議，事實上我們已經在做了！」似乎我的意見，完全沒能超出他們的理解。

還有的人更白目：「何先生，你這種說法，是因為你對實況不夠瞭解。」

當我遇到這種狀況，我會禮貌的移開話題，閉門送客。我不需要繼續證明我的無知，也毋須和對方爭辯。

我知道，「多餘的一句話」雖然沒有立即的傷害，但是潛在的殺傷力非常大，我需要小心謹慎的避免說出「多餘的一句話」。

「多餘的一句話」有幾種錯誤的原型，最常見的原型是「語境」逆轉。

每一個場合都有「語境」：歡樂的場合，就要說溫馨的話；檢討的場合，就說嚴肅的話；肯定的場合，就是說認同的話。兒子、女兒有好表現，期待被肯定，但若被潑了冷水，當然會不舒服。要結婚的人，期待被祝福，但卻有人哪壺不開提哪壺，當然感受很不好。

第二種錯誤的原型是愛面子，別人給意見當然是好意，除了謝謝之外，不必多說，不需要證明自己並不笨。在這種場合否定對方的意見，等於拒絕對方的好意，除了證明自己不能虛心受教外，更會阻斷別人的建議與提醒。

第三種原型是為了證明自己的聰明，而去糾正別人無關緊要的錯誤。在別人誇誇其談時，聽聽就好，不必忍不住插嘴。

禍從口出，多餘的一句話，雖未必立即惹禍上身，但難免得罪別人，許多話就免了吧！

後記：

❶說「多餘的一句話」，最委婉的說法是「白目」，再重一些是不懷好意，再嚴重些，是心術不正。

❷「多餘的一句話」通常是真話，但殺傷力極強。

❸如果忍不住多餘的一句話，最好的方法是閉門謝客，我已閉門很多年，非萬不得已不出門。